全国餐饮职业教育教学指导委员会重点课题"基于烹饪专业人才培养目标的中高职课程体系与教材开发研究"成果系列教材
餐饮职业教育创新技能型人才培养新形态一体化系列教材

总主编 ◎ 杨铭铎

西式面点制作

主　编　王　刚

副主编　雷启勋　胡源媛　钟尚金　朱云虎

编　者（按姓氏笔画排序）

王　刚　　王巧贤　　车　娟　　边若男　　朱云虎

刘　欢　　刘　鸽　　孙环慧　　吴敏玲　　陈少斌

林景川　　欧玉蓉　　卓勇锋　　郑　莉　　郑秋娟

郑燕娜　　赵亚冬　　胡源媛　　钟尚金　　雷启勋

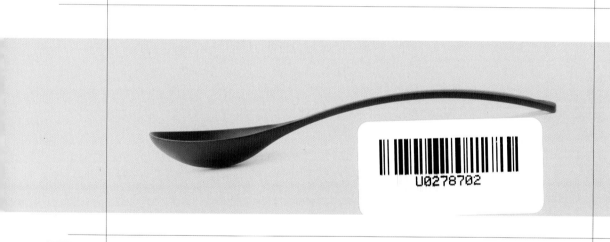

华中科技大学出版社
http://press.hust.edu.cn
中国·武汉

内 容 提 要

本书是全国餐饮职业教育教学指导委员会重点课题"基于烹饪专业人才培养目标的中高职课程体系与教材开发研究"成果系列教材、餐饮职业教育创新技能型人才培养新形态一体化系列教材。

本书主体部分分为五个模块：面包制作、蛋糕制作、西点制作、蛋糕装饰基础、欧式甜点制作。

本书以西式面点中各门类经典产品为代表，以真实工作任务为导向组织内容，理论阐述系统、实用性强，适合西餐西点、食品加工、烹饪营养、酒店运营、旅游管理等专业方向的专业教学使用，亦适合食品加工和烘焙行业、酒店的员工培训，西式面点制作爱好者学习使用。

图书在版编目(CIP)数据

西式面点制作/王刚主编. —武汉：华中科技大学出版社，2020.8(2025.1重印)
ISBN 978-7-5680-6451-4

Ⅰ. ①西… Ⅱ. ①王… Ⅲ. ①西点-制作-教材 Ⅳ. ①TS213.23

中国版本图书馆 CIP 数据核字(2020)第 139186 号

西式面点制作
Xishi Miandian Zhizuo

王刚　主编

策划编辑：汪飒婷
责任编辑：孙基寿
封面设计：廖亚萍
责任校对：曾　婷
责任监印：周治超
出版发行：华中科技大学出版社(中国·武汉)　　　电话：(027)81321913
　　　　　武汉市东湖新技术开发区华工科技园　　　邮编：430223
录　　排：华中科技大学惠友文印中心
印　　刷：武汉科源印刷设计有限公司
开　　本：889mm×1194mm　1/16
印　　张：13.5
字　　数：400千字
版　　次：2025年1月第1版第5次印刷
定　　价：59.80元

全国餐饮职业教育教学指导委员会重点课题
"基于烹饪专业人才培养目标的中高职课程体系与教材开发研究"成果系列教材
餐饮职业教育创新技能型人才培养新形态一体化系列教材

丛 书 编 审 委 员 会

主 任

姜俊贤　全国餐饮职业教育教学指导委员会主任委员、中国烹饪协会会长

执行主任

杨铭铎　教育部职业教育专家组成员、全国餐饮职业教育教学指导委员会副主任委员、中国烹饪协会特邀副会长

副 主 任

乔　杰　全国餐饮职业教育教学指导委员会副主任委员、中国烹饪协会副会长
黄维兵　全国餐饮职业教育教学指导委员会副主任委员、中国烹饪协会副会长、四川旅游学院原党委书记
贺士榕　全国餐饮职业教育教学指导委员会副主任委员、中国烹饪协会餐饮教育委员会执行副主席、北京市劲松职业高中原校长
王新驰　全国餐饮职业教育教学指导委员会副主任委员、扬州大学旅游烹饪学院原院长
卢　一　中国烹饪协会餐饮教育委员会主席、四川旅游学院校长
张大海　全国餐饮职业教育教学指导委员会秘书长、中国烹饪协会副秘书长
郝维钢　中国烹饪协会餐饮教育委员会副主席、原天津青年职业学院党委书记
石长波　中国烹饪协会餐饮教育委员会副主席、哈尔滨商业大学旅游烹饪学院院长
于干千　中国烹饪协会餐饮教育委员会副主席、普洱学院副院长
陈　健　中国烹饪协会餐饮教育委员会副主席、顺德职业技术学院酒店与旅游管理学院院长
赵学礼　中国烹饪协会餐饮教育委员会副主席、西安商贸旅游技师学院院长
吕雪梅　中国烹饪协会餐饮教育委员会副主席、青岛烹饪职业学校校长
符向军　中国烹饪协会餐饮教育委员会副主席、海南省商业学校校长
薛计勇　中国烹饪协会餐饮教育委员会副主席、中华职业学校副校长

网络增值服务

使用说明

欢迎使用华中科技大学出版社医学资源网

1 教师使用流程

（1）登录网址：**http://yixue.hustp.com** （注册时请选择教师用户）

注册 ＞ 登录 ＞ 完善个人信息 ＞ 等待审核

（2）**审核通过后，您可以在网站使用以下功能：**

浏览教学资源　　建立课程　　管理学生　　布置作业　查询学生学习记录等

教师

2 学员使用流程

（建议学员在PC端完成注册、登录、完善个人信息的操作。）

（1）**PC 端学员操作步骤**

① 登录网址：http://yixue.hustp.com（注册时请选择普通用户）

注册 ＞ 登录 ＞ 完善个人信息

② **查看课程资源：**（如有学习码，请在"个人中心—学习码验证"中先通过验证，再进行操作）

选择课程

首页课程 ＞ 课程详情页 ＞ 查看课程资源

（2）**手机端扫码操作步骤**

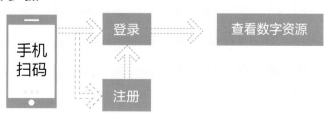

手机扫码　→　登录　→　查看数字资源

注册

开展餐饮教学研究　加快餐饮人才培养

　　餐饮业是第三产业重要组成部分,改革开放40多年来,随着人们生活水平的提高,作为传统服务性行业,餐饮业对刺激消费需求、推动经济增长发挥了重要作用,在扩大内需、繁荣市场、吸纳就业和提高人民生活质量等方面都做出了积极贡献。就经济贡献而言,2018年,全国餐饮收入42716亿元,首次超过4万亿元,同比增长9.5%,餐饮市场增幅高于社会消费品零售总额增幅0.5个百分点;全国餐饮收入占社会消费品零售总额的比重持续上升,由上年的10.8%增至11.2%;对社会消费品零售总额增长贡献率为20.9%,比上年大幅上涨9.6个百分点;强劲拉动社会消费品零售总额增长了1.9个百分点。全面建成小康社会的号角已经吹响,作为满足人民基本需求的饮食行业,餐饮业的发展好坏,不仅关系到能否在扩内需、促消费、稳增长、惠民生方面发挥市场主体的重要作用,而且关系到能否满足人民对美好生活的向往、实现小康社会的目标。

　　一个产业的发展,离不开人才支撑。科教兴国、人才强国是我国发展的关键战略。餐饮业的发展同样需要科教兴业、人才强业。经过60多年特别是改革开放40多年来的大发展,目前烹饪教育在办学层次上形成了中职、高职、本科、硕士、博士五个办学层次;在办学类型上形成了烹饪职业技术教育、烹饪职业技术师范教育、烹饪学科教育三个办学类型;在学校设置上形成了中等职业学校、高等职业学校、高等师范院校、普通高等学校的办学格局。

　　我从全聚德董事长的岗位到担任中国烹饪协会会长、全国餐饮职业教育教学指导委员会主任委员后,更加关注烹饪教育。在到烹饪院校考察时发现,中职、高职、本科师范专业都开设了烹饪技术课,然而在烹饪教育内容上没有明显区别,层次界限模糊,中职、高职、本科烹饪课程设置重复,拉不开档次。各层次烹饪院校人才培养目标到底有哪些区别?在一次全国餐饮职业教育教学指导委员会和中国烹饪协会餐饮教育委员会的会议上,我向在我国从事餐饮烹饪教育时间很久的资深烹饪教育专家杨铭铎教授提出了这一问题。为此,杨铭铎教授研究之后写出了《不同层次烹饪专业培养目标分析》《我国现代烹饪教育体系的构建》,这两篇论文回答了我的问题。这两篇论文分别刊登在《美食研究》和《中国职业技术教育》上,并收录在中国烹饪协会发布的《中国餐饮产业发展报告》之中。我欣喜地看到,杨铭铎教授从烹饪专业属性、学科建设、课程结构、中高职衔接、课程体系、课程开发、校企合作、教师队伍建设等方面进行研究并提出了建设性意见,对烹饪教育发展具有重要指导意义。

　　杨铭铎教授不仅在理论上探讨烹饪教育问题,而且在实践上积极探索。2018年在全国餐饮职业教育教学指导委员会立项重点课题"基于烹饪专业人才培养目标的中高职课程体系与教材开发研究"(CYHZWZD201810)。该课题以培养目标为切入点,明晰烹饪专业人才培养规格;以职业技能为结合点,确保烹饪人才与社会职业有效对接;以课程体系为关键点,通过课程结构与课程标准精准实现培养目标;以教材开发为落脚点,开发教学过程与生产过程对接的、中高职衔接的两套烹饪专业课程系列教材。这一课题的创新点在于:研究与编写相结合,中职与高职相同步,学生用教材与教师用参考书相联系,资深餐饮专家领衔任总主编与全国排名前列的大学出版社相协作,编写出的中职、高职系列烹饪专业教材,解决了烹饪专业文化基础课程与职业技能课程脱节,专业理论课程设置重复,烹饪技能课交叉,职业技能倒挂,教材内容拉不开层次等问题,是国务院《国家职业教育改革实施方案》提出的完善教育教学相关标准中的持续更新并推进专业教学标准、课程标准建设和在职业院校落地实施这一要求在烹饪职业教育专业的具体举措。基于此,我代表中国烹饪协会、全国餐饮职业教育教学指导委员会向全国烹饪院校和餐饮行业推荐这两套烹饪专业教材。

习近平总书记在党的十九大报告中将"两个一百年"奋斗目标调整表述为:到建党一百年时,全面建成小康社会;到新中国成立一百年时,全面建成社会主义现代化强国。经济社会的发展,必然带来餐饮业的繁荣,迫切需要培养更多更优的餐饮烹饪人才,要求餐饮烹饪教育工作者提出更接地气的教研和科研成果。杨铭铎教授的研究成果,为中国烹饪技术教育研究开了个好头。让我们餐饮烹饪教育工作者与餐饮企业家携起手来,为培养千千万万优秀的烹饪人才、推动餐饮业又好又快地发展,为把我国建成富强、民主、文明、和谐、美丽的社会主义现代化强国增添力量。

全国餐饮职业教育教学指导委员会主任委员

中国烹饪协会会长

出版说明

《国家中长期教育改革和发展规划纲要(2010—2020年)》及《国务院办公厅关于深化产教融合的若干意见(国办发〔2017〕95号)》等文件指出：职业教育到2020年要形成适应经济发展方式的转变和产业结构调整的要求，体现终身教育理念，中等和高等职业教育协调发展的现代教育体系，满足经济社会对高素质劳动者和技能型人才的需要。2019年2月，国务院印发的《国家职业教育改革实施方案》中更是明确提出了提高中等职业教育发展水平、推进高等职业教育高质量发展的要求及完善高层次应用型人才培养体系的要求；为了适应"互联网＋职业教育"发展需求，运用现代信息技术改进教学方式方法，对教学教材的信息化建设，应配套开发信息化资源。

随着社会经济的迅速发展和国际化交流的逐渐深入，烹饪行业面临新的挑战和机遇，这就对新时代烹饪职业教育提出了新的要求。为了促进教育链、人才链与产业链、创新链有机衔接，加强技术技能积累，以增强学生核心素养、技术技能水平和可持续发展能力为重点，对接最新行业、职业标准和岗位规范，优化专业课程结构，适应信息技术发展和产业升级情况，更新教学内容，在基于全国餐饮职业教育教学指导委员会2018年度重点课题"基于烹饪专业人才培养目标的中高职课程体系与教材开发研究"(CYHZWZD201810)的基础上，华中科技大学出版社在全国餐饮职业教育教学指导委员会副主任委员杨铭铎教授的指导下，在认真、广泛调研和专家推荐的基础上，组织了全国90余所烹饪专业院校及单位，遴选了近300位经验丰富的教师和优秀行业、企业人才，共同编写了本套餐饮职业教育创新技能型人才培养新形态一体化系列教材、全国餐饮职业教育教学指导委员会重点课题"基于烹饪专业人才培养目标的中高职课程体系与教材开发研究"成果系列教材。

本套教材力争契合烹饪专业人才培养的灵活性、适应性和针对性，符合岗位对烹饪专业人才知识、技能、能力和素质的需求。本套教材有以下编写特点：

1. 权威指导，基于科研　本套教材以全国餐饮职业教育教学指导委员会的重点课题为基础，由国内餐饮职业教育教学和实践经验丰富的专家指导，将研究成果适度、合理落脚于教材中。

2. 理实一体，强化技能　遵循以工作过程为导向的原则，明确工作任务，并在此基础上将与技能和工作任务集成的理论知识加以融合，使得学生在实际工作环境中，将知识和技能协调配合。

3. 贴近岗位，注重实践　按照现代烹饪岗位的能力要求，对接现代烹饪行业和企业的职业技能标准,将学历证书和若干职业技能等级证书("1+X"证书)内容相结合,融入新技术、新工艺、新规范、新要求,培养职业素养、专业知识和职业技能,提高学生应对实际工作的能力。

4.编排新颖,版式灵活　注重教材表现形式的新颖性,文字叙述符合行业习惯,表达力求通俗、易懂,版面编排力求图文并茂、版式灵活,以激发学生的学习兴趣。

5.纸质数字,融合发展　在新形势媒体融合发展的背景下,将传统纸质教材和我社数字资源平台融合,开发信息化资源,打造成一套纸数融合一体化教材。

本系列教材得到了全国餐饮职业教育教学指导委员会和各院校、企业的大力支持和高度关注,它将为新时期餐饮职业教育做出应有的贡献,具有推动烹饪职业教育教学改革的实践价值。我们衷心希望本套教材能在相关课程的教学中发挥积极作用,并得到广大读者的青睐。我们也相信本套教材在使用过程中,通过教学实践的检验和实际问题的解决,能不断得到改进、完善和提高。

前言

随着我国职业教育国际化交流的飞速发展,以及网络教学的不断普及,先进的职业教育教学资源共享越来越方便。在异彩纷呈的教学资源里,摘选优质资源、捋顺归属关系,将其系统性、规范化地应用于各级职业教育教学领域,是本书编写的初衷。

本书主编从1992年开始任教于广州华美烘焙技术培训中心,20多年来专注于西式面点的职业培训、专业教学,对职业教育的现状及发展方向有着清晰的认识。本书是编者多年积累的西式面点制作技术的系统归纳,是新型西点原料、生产工艺和经典产品的系统阐述。

本书以西式面点中各门类经典产品为代表,以工作任务为导向组织内容,理论阐述系统、实用性强,适合西餐西点、食品加工、烹饪营养、酒店运营、旅游管理等专业方向的专业教学使用,亦适合食品加工和烘焙行业、酒店的员工培训,西式面点制作爱好者学习使用。

本书主体部分分为五个模块:面包制作、蛋糕制作、西点制作、蛋糕装饰基础、欧式甜点制作。其中模块一"面包制作"主要由主编王刚编写,陈少斌、卓勇锋、郑燕娜、刘欢参与编写。模块二"蛋糕制作"主要由胡源媛编写,吴敏玲、林景川参与编写。模块三"西点制作"主要由雷启勋编写,王巧贤、车娟、郑莉参与编写。模块四"蛋糕装饰基础"主要由欧玉蓉编写,赵亚冬、郑秋娟、刘鸽参与编写。模块五"欧式甜点制作"主要由钟尚金、朱云虎编写,孙环慧、边若男参与编写。

本书的编写得到了西点行业专家的大力支持,冯钊麟(广州市花园酒店西饼房主管、高级技师)、韩昌炎(美国维益食品有限公司广州办事处技术主管、高级技师)、刘志刚(广州市白天鹅宾馆饼房主管、高级技师)等行业专家为本书提供了产品策划并提供了部分实训产品的工艺配方,在此表示衷心感谢。

由于水平有限,书中难免有不足之处,在此恳请同行专家和读者批评指正。

编者

目录

模块四　蛋糕装饰基础　　　　　　　　　　133

模块五　欧式甜点制作　　　　　　　　　　177

绪论

跨界的西式面点专业

说起西式面点,我们立刻就会想到的是面包、蛋糕、甜点等这些诱人的美食。作为专业人士,一个有趣的问题可以思考一下:西式面点应该归属于哪个行业?是烹饪协会所代表的餐饮行业,还是食品工业协会所代表的食品加工行业呢?

西式面点起源于西式烹饪。传统的西餐厨师,都会制作几款面点,作为主食或餐后甜点。随着行业分工越来越细,西式面点师也逐渐分离出来成为一个独立的专业。他们在正式的酒店、餐厅里负责制作西餐主食以及各式甜点,或者在一些西式快餐店、咖啡厅里制作汉堡、比萨等简餐。

随着近代工业社会的飞快发展,人们对西式简餐的需求越来越大,西餐里的面包糕点也成为方便食品,在食品厂里进行加工生产,渐渐地分离出一个独立的行业——食品焙烤。

西式面点当中的绝大多数产品归属于焙烤食品一类。焙烤食品从广义上讲,泛指用面粉或各种粮食为主要原料与多种辅料相调配,经过发酵或直接用高温焙烤或油炸而成的一系列可口的食品。它包括面包、蛋糕、西点、月饼、饼干、方便面、膨化食品及部分中式糕点。西式面点的制作,除了传统的手工制作之外,现代越来越依赖于机械辅助,直至先进的全自动生产线。因此,我们将西式面点划分到"食品加工——焙烤食品"行业中也就顺理成章了。

西式面点专业,其实就是一个跨行业的专业。它起源于传统的餐饮烹饪——西式烹调行业,发展于现代的食品加工——食品焙烤行业,并在这两个行业中都占据着重要的地位。在国家职业技能鉴定名录里至今仍保留了烹调师名下"西式面点师"的位置,而在中国食品工业协会中,也单设了"面包糕饼专业委员会"。

西式面点所涉及的企业,从西餐厅咖啡厅、酒店西厨、西饼屋,到面包厂、糕点厂、饼干厂、月饼厂,从生产链上游的各原材料生产厂如面粉厂、乳品厂、酵母公司、油脂公司、食品添加剂公司,到下游周边的食品机械厂、包装设计公司、贸易商行、食品超市,横跨餐饮烹饪和食品加工两大行业,已经形成了一个完整、庞大的工业体系。西式面点专业人员的主要发展方向,也涵盖了传统的餐厅酒店、中西式厨房、糕点加工小作坊,以及西饼屋、连锁中央工场、大型食品加工厂,原料生产厂商、食品贸易商行等多个方面。

自改革开放以来,西式面点与其他行业一样,得到迅猛的发展,有不少西点食品不再只是副食,已转为一日三餐的主食。有的已成为儿童、老人必需的营养食品和保健食品。随着我国经济实力的不断增强,人民生活水平的进一步提高,西式面点的生产技术、生产设备和产品质量均已逐步达到发达国家的水平,饼干、面包、糕点三大类焙烤食品的生产和销售量都是世界最大的。

当前,我国西点行业与发达国家的最大差距在于对原材料的安全以及营养成分的追求。主要原因是我们的西点市场还处于发展期,消费者及生产经营者都重于产品的外形和口感,对产品的食品安全性和风味追求还没有达到精益求精的程度。在发达国家,现在关注较多的是基因改造农产品在不同用途食品中的使用要求;反式脂肪酸的含量在不同油脂产品中的要求及限制;含铝泡打粉的限制使用等。在焙烤食品的工业化生产工艺及机械设备的改进方面,发达国家总的趋势是尽可能减少化学添加剂,保持全天然本质;多使用自然发酵或老面种来增加食品风味;设备的数字化管理增加生产过程的自动化程度。

模块一

面包制作

面包概述

西式面点当中最重要、市场份额最大的一类产品,当属面包。

随着更新更好原材料和生产工艺的应用,市场上不断涌现出丰富繁杂的面包品种和类型。作为焙烤食品的主要品种发展至今,面包相对于蛋糕、西点等的区分界限越来越模糊,但总的原则仍然存在,即面包是以酵母的生物发酵作用来膨大体积,经烘烤制作的一类面点制品。

一、面包产品的分类

根据面包配方、面团性质以及面包品质的特点,面包可以分为四大类型:软面包、硬面包、起酥类面包和特殊面包。它们的具体特征及区别如下表。

面包类型	特征介绍	配方特点	面团性质	面包品质
软面包	在国内及亚洲市场最为普遍的一类面包,涵盖了常见的主食方面包类、甜面团面包、软式餐包,以及汉堡包、热狗包等	配方中含有高比例的柔性材料,如糖、奶油、鸡蛋、奶粉等,并配合口味丰富的各种馅料和表面装饰	面团柔软,烤盘流动性好,多以烤盘的形式来承托烘烤	口感柔软细腻,口味丰富,保鲜期长
硬面包	流行在欧美等西方国家,市场占有率超过60%,最具代表性的是法棍面包	配方中以韧性材料为主,几乎不包含柔性材料,还可以搭配各种杂粮粉制成品种繁多的杂粮健康面包	面团柔韧有弹性,可以直接放置在砖底炉的炉面上烘烤	表皮脆硬,内部柔软而有韧性,发酵香味和焙烤的麦香味浓郁
起酥类面包	以丹麦面包、牛角面包最具代表性	配方中包含较多的油脂,并辅以各种馅料	软面团包裹起酥奶油,经特殊工艺制成,面团层次清晰,膨胀力大	体积膨大,口感松酥香脆,奶油香味浓郁
特殊面包	即装饰面包,其主要用于橱窗或台面装饰,很少食用	配方中不含或少含酵母,放入较多的盐等防腐材料	面团偏硬,可塑性好	制成各种样式烤至干透,有良好的观赏性和超长的保质期

二、常见的面包生产方法

面包的生产方法,是根据面包生产中最为重要的一个环节——"发酵"的方法不同来确定的。常见的一些面包生产方法如下。

❶ **快速发酵法**　配方中含有较多的酵母,并伴以较高的面团温度。面团搅拌完成后,经0～1小时的快速发酵而制作完成。该法的特点是生产速度快,面包表皮光滑、形状挺拔,组织粗糙,口味平淡,保鲜期短。

❷ **一次发酵法(直接法)**　标准的面包生产方法。面团搅拌完成后,经1～3小时发酵,然后制作成形。该法的特点是生产周期长,面包柔软,组织细腻,口味醇香浓郁。

❸ **二次发酵法(中种法)**　变化最为丰富的一种面包生产方法。标准的二次发酵法,面种制成后,须经3～4小时的发酵,再经过主面团搅拌,延续发酵后制作成形。该方法制作的面包虽然体积膨大,柔软而保鲜期长,酵香浓郁、口味极佳,但因其生产周期过长,而被进行了种种的改进。目前常见的二次发酵法有传统二次发酵法、过夜面团发酵法、连续中种发酵法、液体发酵法、全种发酵法、老面种发酵法等。

面包工艺过程

项目描述

　　面包生产从投料开始直到产品出炉,一般需 4～5 小时甚至更长。这是因为无论是手工操作还是机械化生产,传统的面包生产工艺均需要经过以下五个主要工序:①搅拌;②发酵;③整形;④醒发;⑤烘烤。另外还有冷却与包装等成品处理的工序。这些工序一环扣一环,每一环节对产品品质都有影响。

　　在实际生产中,产品的品质除了原料本身品质的影响外,大多数的产品质量问题会受到两个方面因素的影响:一是面团产生气体(产气)的能力;二是面团保持气体(保气)的能力。而面团的产气和保气能力的好坏,则主要由面包制作过程中的搅拌工序和发酵工序来决定。

　　可以说,面团的搅拌和发酵工序是面包生产中的关键工序,在正常工序过程中,面团的产气能力和保气能力不断得到发展并同时达到最佳状态,这一状态的好坏直接影响并决定面包产品的品质。当然,这一说法并不排除其他工序的影响,如醒发、烘烤等也存在影响面包品质的可能性。

项目目标

　　面包生产是一项复杂的生物发酵工程,其工序之多、面团理化性质变化之大,都是西式面点产品之最。在本项目里,着重帮大家理顺面包生产最基础的工艺过程。

 **任务一　面团搅拌** 🖥

视频:面团搅拌

➡ 任务描述

　　面团搅拌的专业术语为面团调制,俗称和面、打面团,是制作面包的第一道工序,也是影响面包成品品质的最关键工序之一。面团搅拌欠佳,会影响后续工序的正常完成,无法制作出满意的面包成品。如何搅拌好面团,取决于面包的种类、制作面包所用的原辅材料、搅拌设备的型号及生产环境条件。面团搅拌的终点必须根据搅拌过程中面团的变化状态来确定。

➡ 任务导入

　　面团搅拌是面包制作的第一步。面包搅拌好坏与否,直接决定了面包制作的成败。

　　这里以标准的一次发酵法面团搅拌为例,详细描述面团搅拌的加料顺序、搅拌过程、终点判断。

面包大讲坛:
面团搅拌

1-1-1

Note

→ 任务目标

掌握并完成一个甜面包面团的搅拌。

→ 任务实施

一、面团配方

原料	烘焙百分比/(%)	重量/克
高筋粉	100	1000
水	53	530
酵母	1.5	15
食盐	1.5	15
白砂糖	10	100
人造奶油	10	100
奶粉	6	60
鸡蛋	8	80
改良剂	0.3	3

烘焙百分比合计190.3%；重量合计1903克

二、原料预处理

在面团搅拌之前，首先按照配方准确称量、备好各原料；然后清洗、安装并检查面团搅拌机。

❶ **面粉** 制作面包所用面粉一般在生产前要进行控温。根据地域和季节的不同，面粉在使用前应放置于适宜的环境进行调温处理，使之更符合加工要求。在冬季应将面粉提前数天投放在生产车间或比较暖和的地方，以提高面粉的温度，有利于使用时促进酵母菌的发酵。夏季时要将面粉存放在低温干燥处，并且要通风良好，以保持面粉适宜的温度，便于使用且能延长面粉保质期。

面粉存放时间过长或吸潮会结块，如出现此情况使用前必须过筛以剔除硬块并打碎面粉团块，使粉体更细腻，混入更多气体，有利于酵母菌的生长与繁殖。同时，过筛还可以防止其他杂质渗入面粉中。如有条件最好再用金属探测仪进行安全检测，以防止面粉内混有金属异物。

❷ **酵母** 酵母本身就是一种生物活性菌，是制作面包的一种生物疏松剂，其质量和活性的好坏对面包生产有着重要影响。酵母的预处理情况对产品质量也有密切关系，当前市场上使用最多的是即发干酵母和鲜酵母。

即发干酵母，可以直接与面粉混匀投入搅拌缸使用，也可以用适宜温度的水进行溶解激活后加入搅拌面团。活化酵母的水温不能超过45 ℃，以免导致酵母活性降低。酵母切不可混入油脂或高浓度的盐溶液及糖溶液，因为盐和糖都是高渗透物质，对微生物具有抑制、杀灭作用。

鲜酵母，一般在冰箱中冷藏保存，使用前须提前4～5小时从冷柜中取出使其回温软化，才能逐步恢复活力，然后用5倍以上的25 ℃左右的温水搅拌溶解，5分钟后就可以投料使用。值得注意的是，从冷柜中取出的鲜酵母不能马上用温水浸泡，因为温差过大会导致酵母活性降低。

❸ **砂糖** 生产面包时一般使用白砂糖，白砂糖是颗粒状结晶体，容易吸潮，所以应存放在阴凉干燥处，未用完的白砂糖，要扎紧袋口，防止吸潮产生大结晶块。在生产面包时，白砂糖最好用水溶解后再投料，防止颗粒结晶糖的反渗透作用造成酵母菌细胞萎缩而死亡，影响酵母的活力。如使用

果葡糖浆则可避免出现前述现象,且制作的面包表皮易于上色,外表美观、风味好,可较长时间保持新鲜、松软。但果葡糖浆称量操作相对来说不如砂糖方便。

❹ **油脂**　生产面包时面团中添加的油脂大多使用固体油脂,如天然奶油、纯动物性牛油、猪油、人造奶油、氢化酥油等。因为液态油(液态酥油除外)流散性很大,并且在面团中会对蛋白质分子及酵母细胞周围构成油膜,影响蛋白质的吸水胀润,亦影响酵母的代谢功能,所以在生产面包时最好使用固态油脂。

❺ **奶粉**　制作面包一般都要使用奶粉来改善品质和风味。奶粉很易吸潮,应储存在阴凉干燥处。生产时如果使用的是大包装的奶粉,开封后,应马上称料,并扎紧袋口,防止吸潮。如果生产计划确定每批产品奶粉用量固定,可根据每批用量事先用塑料袋分装,用时直接开封投料即可。为防止加水溶解时结块,使用时可与白砂糖混匀后再加水溶解。

❻ **鸡蛋**　制作面包所用鸡蛋必须确保新鲜,稍不注意混入一个臭鸡蛋有可能毁掉整缸面团。鲜鸡蛋一般要在 0～4 ℃之间的低温保存,不宜在面包房的室温下存放。使用时,应小心剔除变质发臭的鸡蛋,可先把鸡蛋打在一个不锈钢的容器内,以避免不必要的损失。

如果使用的是冷冻保存的冰蛋,则要提前完全解冻至 20 ℃后方可使用,相对来说比较麻烦,因此较少使用。

❼ **添加剂**　为了改善面包品质,制作面包一般都要添加食品添加剂,但很少使用单一组分的添加剂,大多为复配型,一般以"面包改良剂"或"面包添加剂"命名,使用起来比较方便,参照包装袋上的说明即可,通常在搅拌面团时直接加入面粉中并混合均匀。复合型面包改良剂多数容易吸潮,由于添加量较少(一般为 0.2%～1%),开封后一时用不完的要密封保存。

三、搅拌操作

(1) 先在搅拌缸里加入合适的水,以及糖、鸡蛋、奶粉、改良剂等可溶性原料,慢速搅拌几分钟至均匀,保证可溶性原料能够充分溶解。然后将干酵母加入面粉稍混合,一起倒入搅拌缸(图 1-1-1)。

(2) 慢速搅拌以防止粉尘飞出,中高速搅拌至面团均匀成团、不粘缸壁,加入奶油继续搅拌(图 1-1-2)。

(3) 中高速搅拌面团,面团逐渐变得均匀光滑,弹性好,有力,拉伸不易断裂,此即为面筋扩展阶段(图 1-1-3)。

图 1-1-1　　　　　　　　　　图 1-1-2　　　　　　　　　　图 1-1-3

(4) 继续搅拌面团,待面筋完全扩展,即将搅拌完成时,加入食盐,慢速搅拌 2 分钟,至完全溶解混合均匀,面团搅拌可以结束(图 1-1-4)。

(5) 面团搅拌完成时的状态判断,以"面筋膜测试法"最为准确。取一小块面团,在手心轻轻揉圆压扁,手指匀力轻拉四周,慢慢伸展开,形成一个光滑均匀的半透明面筋膜(图 1-1-5)。

(6) 面团搅拌完成,从搅拌缸取出,在案台上滚圆至表面光滑,就可以进入下一阶段工序(图 1-1-6)。

图 1-1-4   图 1-1-5   图 1-1-6

视频:面团发酵

面包大讲坛:
面团发酵
1-1-2

任务二　面团发酵

 任务描述

面团的发酵过程是酵母生长繁殖产生二氧化碳及其他代谢产物的过程,它是面包制作过程中较关键的工序之一。面团的发酵程度直接影响到最终产品的品质,特别是面包的体积和内部组织结构。

任务目标

掌握并完成一个甜面包面团的发酵。

任务实施

一、甜面包面团的制作

按照任务一的操作流程,制作并得到一个搅拌完成的甜面包面团。

二、面团发酵操作

(1)搅拌完成的甜面包面团,从搅拌缸中取出,在案台上滚圆,放入大小合适的不锈钢盆中,盖好塑料膜,于 25～27 ℃、相对湿度 75％ 的发酵环境中,发酵 3～5 小时(图 1-1-7)。

(2)面团发酵进程到 2/3 时(发酵 2～3 小时),可以根据面团大小和制作品种情况,选择进行一次"面团翻面"。

双手对称抓住发起面团的四周部分,提起同时拉向中心并按压下去到底,反复操作直到全部四周面团按压到中间,达到"内外互换、上下互换"的效果(图 1-1-8)。

图 1-1-7   图 1-1-8

（3）继续发酵直到完全。此时面团体积膨胀3～5倍，表面拱顶平缓光滑，面团气感充分，柔软而不粘手（图1-1-9）。

（4）用标准的"指洞测试法"测试（一根手指沾水或干面粉，全部插入面团并快速拔出，形成一个指洞）。若指洞既不弹起也不下陷，即说明发酵完成（图1-1-10）。

（5）用利刀切开面团表面，内部有均匀的大孔洞网络结构，散发出浓郁的发酵香气（以酒精气味为主）。面团发酵完成后，即可进入下一阶段工序（图1-1-11）。

图 1-1-9

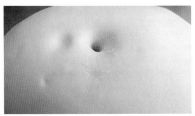

图 1-1-10

图 1-1-11

任务三　二次发酵法的搅拌及发酵

视频:二次发酵法的搅拌及发酵1

视频:二次发酵法的搅拌及发酵2

面包大讲坛:二次发酵法1-1-3

任务描述

在面包制作过程中，很重要的一个制作方法是二次发酵法，也就是俗称的"面种法"。

简单地说，二次发酵法包含两次搅拌、两次发酵，即将配料分成两部分，其一是面种的搅拌和发酵，然后将面种并入，进行主面团的搅拌和发酵。

由于多了面种的搅拌发酵，面包的制作过程更加复杂、时间增长，但更长时间的发酵，也给面包带来了更佳的风味和更好的品质。这也是"二次发酵法"越来越流行的主要原因。

任务目标

掌握并完成一个二次发酵法甜面包面团的搅拌和发酵。

任务实施

一、面团配方

原料	面种部分		主面团部分	
	烘焙百分比/（%）	重量/克	烘焙百分比/（%）	重量/克
高筋粉	70	700	30	300
水	65	455	55	95
酵母	0.8	8	0.2	2
食盐	—	—	1.5	15
白砂糖	—	—	20	200
奶油	—	—	6	60

续表

原料	面种部分		主面团部分	
	烘焙百分比/（%）	重量/克	烘焙百分比/（%）	重量/克
鸡蛋	—	—	5	50
奶粉	—	—	4	40
改良剂	—	—	0.3	3
烘焙百分比合计192.8%；重量合计1928克				

二、面种的搅拌和发酵

（1）按面种配方准确称料，先把酵母加入水中充分溶解，然后加入高筋粉慢速搅拌均匀以防止粉尘飞出，中速搅拌至面团均匀成团、不粘缸壁（面团卷起阶段），要求搅拌后面种面团的温度为26 ℃（图1-1-12）。

（2）取出面团，在台面滚圆，放置于不锈钢盆中，盖好塑料薄膜，在温度26 ℃、相对湿度75%条件下发酵4～6小时（图1-1-13）。

（3）面种发酵完成：体积增大3～5倍；弧顶平缓、中心或稍显凹陷，有个别鼓气出现；表面光滑柔软、气感充实；利刀切开表皮，内部有不规则大孔洞，伴有浓郁的发酵香气（酒精味为主）（图1-1-14）。

 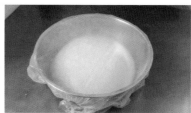 

图1-1-12　　　　　　　　　　图1-1-13　　　　　　　　　　图1-1-14

三、主面团的搅拌和发酵

（1）将发酵好的面种加入搅拌缸，然后加入水以及白砂糖、鸡蛋、奶粉、改良剂等，慢速搅拌使之充分混合溶解（图1-1-15）。

（2）酵母混入面粉中一起加入搅拌缸，慢速搅拌均匀以防止粉尘飞出，中速搅拌至面团均匀成团、不粘缸壁（图1-1-16）。

（3）搅拌至面筋开始扩展时加入奶油，然后继续搅拌至面筋完全扩展（图1-1-17）。

图1-1-15　　　　　　　　　　图1-1-16　　　　　　　　　　图1-1-17

（4）采用面筋膜测试法判断面筋搅拌程度。取一小块面团，在手心轻轻揉圆压扁，手指匀力轻拉四周，慢慢伸展开，能够形成一个光滑均匀的半透明面筋膜即可（图1-1-18）。

（5）加入食盐，慢速搅拌2分钟，至完全溶解混合均匀，面团搅拌可以结束（图1-1-19）。

（6）面团搅拌完成后，从搅拌缸中取出，在案台上滚圆至表面光滑，置于不锈钢盆内，盖好塑料膜，于 28 ℃、相对湿度 75% 条件下延续发酵 0.5～1 小时即可（图 1-1-20）。

发酵完成的面团，可以进入下一阶段整形工序。

图 1-1-18

图 1-1-19

图 1-1-20

视频：面团整形

面包大讲坛：
面团整形
1-1-4

任务四　面团整形

任务描述

整形是将发酵好的面团，制作成一定形状的面包坯的操作过程。整形操作一般包括面团分割、搓圆、中间醒发、成形和摆盘等工序。

在整形操作过程中，面团仍在进行着发酵。因此，操作过程中依然要严格控制操作室的温度和湿度。湿度过低会使表皮干燥形成硬皮，而温度过高或过低则会影响发酵的速度。整形操作室最好安装有空调设备，使环境条件控制在温度为 25～28 ℃，相对湿度为 65%～70%。

任务目标

掌握并完成一个甜吐司方包的整形操作。

任务实施

一、甜吐司方包面团的搅拌和发酵

按照任务一、任务二的操作流程，搅拌并发酵完成一个甜吐司方包面团。

二、面团整形操作

❶ **面团分割**　将大面团分割成 400 克/个的小面团。使用称量工具准确称重，以保证面包产品的规整（图 1-1-21）。

❷ **面团搓圆**　准确分割好的小面团，在台面上用手搓圆，保证面团表皮均匀光滑（图 1-1-22）。

❸ **中间醒发（松弛）**　滚圆好的小面团，按照先后顺序摆放在台面上或干净的烤盘里，盖上塑料膜，在室温下中间醒发 40～50 分钟（图 1-1-23）。

❹ **成形**　先用小擀棍将面团在台面上擀开成长圆形，从面团中间向两端推动擀薄，均匀排气。然后紧密卷起成圆柱形（图 1-1-24，图 1-1-25）。

❺ **摆盘**　制作成形好的面团摆放在烤盘或烤模里。烤盘或烤模需事先涂油，摆放面团时注意接口朝下，摆在烤盘里的小面团要注意留出足够的摆放间距（图 1-1-26）。

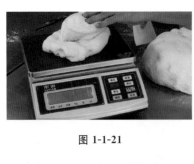

图 1-1-21   图 1-1-22   图 1-1-23

图 1-1-24   图 1-1-25   图 1-1-26

面团摆放在烤盘或烤模里后整形工序就完成了,面团可以送入醒发箱做最后醒发。

任务五 最后醒发

视频:最后醒
发

面包大讲坛:
最后醒发
1-1-5

 任务描述

面团的最后醒发也称为最后发酵。面团经整形操作后,其内部的气体绝大部分被排走,同时面筋失去原有的柔软膨松而变得硬实。此时如将面团进行烘烤,则烤出的面包体积很小,内部组织颗粒非常粗糙,同时面包顶部会形成硬壳。所以必须使整形好的面团重新产生气体,使面团再次变得柔软膨松,并获得所需的体积和形状,这一过程就是面团的最后醒发。最后醒发是指面团的最后一次发酵,对面包成品的品质至关重要,是面包制作的关键步骤之一。

任务目标

掌握并完成一个甜吐司方包的最后醒发操作。

任务实施

一、甜吐司方包生坯的制作

按照任务一、任务二、任务三的操作流程,搅拌、发酵并完成一个甜吐司方包面团的制作。

二、面团最后醒发操作

(1)卷起成圆柱形的面团,接口朝下放在涂油的烤模里,用平烤盘承托送入醒发箱,于 36 ℃,相对湿度 85% 的条件下,最后醒发 1.2～1.5 小时(图 1-1-27)。

(2)当面团最后醒发至七成时,面团体积膨胀到最终体积的 50%。此时的面团表面光滑有弹性,轻轻按压会很快弹起(图 1-1-28)。

Note

图 1-1-27

图 1-1-28

（3）面团最后醒发完全时，面团体积膨胀到最终体积的 90%。此时面团表面柔软平滑、气感充实。用手指轻轻按压，形成一个明显指印，指印既不弹起也不下陷，即说明面团最后醒发完成，可以送入烤炉烘烤了（图 1-1-29，图 1-1-30）。

图 1-1-29

图 1-1-30

任务六　面包烘烤

视频：面包烘烤

面包大讲坛：
面包烘烤

1-1-6

任务描述

烘烤是面包制作过程中三个关键的工序之一。烘烤的加热作用，使醒发后的面团熟化，并使组织变得松软多孔，成为具有特殊香气、风味且易于消化的面包。

任务目标

掌握并完成一个甜吐司方包的烘烤操作。

任务实施

一、甜吐司方包生坯的制作

按照任务一、任务二、任务三、任务四的操作流程，搅拌、发酵、整形并完成一个甜吐司方包的最后醒发。

二、面团烘烤操作

（1）烤炉提前预热，设置面火温度 180 ℃、底火温度 185 ℃，调整定时器 40 分钟。待炉温达到并稳定一段时间后，即可使用。

13

（2）完成最后醒发的面团生坯，送入烤炉，关上炉门，开始计时烘烤（图1-1-31）。

（3）待达到设定的烘烤时间，面包表面颜色正确，烘烤完成后，从烤炉中取出，结束烘烤（图1-1-32）。

图1-1-31

图1-1-32

面包大讲坛：
冷却包装
1-1-7

（4）完成烘烤后，面包马上趁热脱模，以防止面包在烤模内皱缩（图1-1-33）。

（5）将烤好的面包直立于冷却架上，自然冷却至室温（图1-1-34）。

图1-1-33

图1-1-34

→ 项目小结

本项目是面包制作的基础篇，详细讲解了面包生产工艺的五个主要工序的操作过程，以及相关的理论知识。这五大工序环环相扣、互相影响制约，是每一类面包生产都必须经过的步骤。熟练掌握了面包生产工艺，才能自如地制作各类款式的面包产品，也才能够完美地控制、调整好面包生产的每一个环节。

Note

项目二

主食方包

项目描述

吐司是英语 toast 的音译。吐司面包即主食方包，是面包家族中最基本的一个大类。在我国，一般把用听型模具烘烤出来的方形面包称为吐司，也即通常所说的方包。有盖方包经切片后可用来制作三文治（sandwich）。

项目目标

本项目中介绍并帮助大家掌握几款市场上广为流行，材料常规、基础易做的主食方包。

任务一　三文治方包 💻

视频：三文治
方包

➡ 任务描述

三文治方包，即为有盖方包。烘烤冷却后切片，呈正方形的面包片，可夹肉菜酱料等制作西式简餐三文治，是市场上较为流行的主食面包之一。本课产品采用二次发酵法制作。

➡ 任务目标

掌握二次发酵法并制作完成一个三文治方包。

➡ 任务实施

一、面团配方

原料	面种部分		主面团部分	
	烘焙百分比/（%）	重量/克	烘焙百分比/（%）	重量/克
高筋粉	70	700	30	300
水	65	455	55	95
酵母	0.8	8	0.2	2

原料	面种部分		主面团部分	
	烘焙百分比/(%)	重量/克	烘焙百分比/(%)	重量/克
食盐	—	—	1.5	15
白砂糖	—	—	20	200
奶油	—	—	6	60
鸡蛋	—	—	5	50
奶粉	—	—	4	40
改良剂	—	—	0.3	3

烘焙百分比合计 192.8%；重量合计 1928 克

二、面团的制备和发酵

本课产品采用二次发酵法来生产制作，面团的制备和发酵，可参照项目一任务三方法及步骤来完成。

主面团经过延续发酵后，即可进入下一步整形工序。

三、面团整形

❶ **面团分割**　将大面团分割成每组 225 克×4 个的小面团，每组面团共 900 克放入一个三文治方包烤模。使用称量工具准确称重，以保证面包产品的规整（图 1-2-1）。

❷ **面团搓圆、中间醒发**　准确分割好的小面团，在台面上用手搓圆，保证面团表皮均匀光滑。按照先后顺序摆放在台面上或干净的烤盘里，盖上塑料膜，在室温下中间醒发 40～50 分钟（图 1-2-2，图 1-2-3）。

❸ **成形**　每一个小面团都用小擀棍擀薄，均匀排气，擀开成长圆形，然后紧密卷起成小圆柱形。每组四个小面团均匀排列摆入三文治包专用烤模。烤模内壁及盖子均需事先涂充足的防粘油，摆放面团时注意接口朝下（图 1-2-4，图 1-2-5）。

四、最后醒发及烘烤冷却

（1）三文治方包烤模用平烤盘承托，置于 36 ℃，相对湿度 85% 的醒发箱内，最后醒发 1.2～1.5 小时。注意应开盖醒发，醒发至烤模高度的九成即可。盖紧盖子，入炉烘烤（图 1-2-6）。

（2）预热烤炉设置面火温度 180 ℃、底火温度 185 ℃，烘烤时间 40～45 分钟。烘烤中途不可开盖查看面包情况。

以烘烤时间为准，烘烤结束后即刻出炉。轻轻振动烤模，打开盖子。若盖子难以打开，不要强行操作，放置 1～2 分钟稍微冷却一下就容易打开了。烤模内壁及盖子均需要涂上防粘油。

三文治方包马上趁热脱模，以防止面包在烤模内皱缩。待面包完全冷却后，才可人工或机器切片、包装（图 1-2-7，图 1-2-8）。

➡ **任务评价**

三文治方包应该方正挺直，四周棱角分明。表皮光滑，呈均匀的金黄色。内部组织均匀细腻，孔眼大小适中，有浓郁的发酵风味（图 1-2-9）。

图 1-2-1

图 1-2-2

图 1-2-3

图 1-2-4

图 1-2-5

图 1-2-6

图 1-2-7

图 1-2-8

图 1-2-9

任务二 蔬菜汁方包

视频：蔬菜汁
方包

任务描述

　　蔬菜汁方包由于添加了蔬菜汁，其营养价值比普通白面包要高。本产品采用二次发酵法制作。蔬菜汁方包的制作方法与甜吐司基本相同，区别在于面种面团搅拌时，用蔬菜汁取代部分水。本产品使用的蔬菜汁为胡萝卜汁，通常在制作面包前用清洗干净的胡萝卜捣碎榨汁制取备用。本课产品采用二次发酵法来制作。

任务目标

　　掌握二次发酵法并制作完成一个蔬菜汁方包。

→ **任务实施**

一、面团配方

原料	面种部分		主面团部分	
	烘焙百分比/(%)	重量/克	烘焙百分比/(%)	重量/克
高筋粉	70	700	30	300
水	15	150	60	150
胡萝卜汁	30	300	—	—
酵母	0.8	8	0.2	2
食盐	—	—	1.5	15
白砂糖	—	—	20	200
奶油	—	—	6	60
鸡蛋	—	—	5	50
奶粉	—	—	4	40
改良剂	—	—	0.3	3

烘焙百分比合计 197.8%；重量合计 1978 克

二、面种的制备和发酵

按面种配方准确称料，先把酵母加入水中充分溶解，然后加入胡萝卜汁、高筋粉慢速搅拌均匀以防止粉尘飞出，中速搅拌至面团均匀成团、不粘缸壁。

取出面团，在台面滚圆，放置于不锈钢盆中，盖好塑料薄膜，在温度 28 ℃、相对湿度 75% 条件下发酵 3～4 小时（图 1-2-10，图 1-2-11）。

三、主面团的搅拌和发酵

（1）将发酵好的面种加入搅拌缸，然后加入水以及白砂糖、鸡蛋、奶粉、改良剂等，慢速搅拌使之充分混合溶解。

（2）酵母混入面粉中一起加入搅拌缸，慢速搅拌均匀以防止粉尘飞出，中速搅拌至面团均匀成团、不粘缸壁（图 1-2-12，图 1-2-13）。

（3）搅拌至面筋开始扩展时加入奶油，然后继续中速搅拌至面筋完全扩展。面筋膜测试搅拌完成后，加入食盐，慢速搅拌两分钟至完全均匀，即搅拌完成取出面团。

（4）面团在案台上滚圆至表面光滑，置于不锈钢盆内，盖好塑料膜，在温度 28 ℃、相对湿度 75% 条件下延续发酵约 1 小时（图 1-2-14，图 1-2-15）。

四、面团整形

❶ **面团分割**　发酵好的大面团置于台面上，分割成 400 克/个的小面团。使用称量工具准确称重，以保证面包产品的规整（图 1-2-16，图 1-2-17）。

❷ **面团搓圆、中间醒发**　把准确分割好的小面团，放在台面上用手搓圆，摆放在干净的烤盘里，盖上塑料膜，在室温下中间醒发 40 分钟（图 1-2-18，图 1-2-19）。

❸ **成形**　面团用小擀棍擀薄均匀排气，擀开成长圆形，然后紧密卷起成圆柱形，接口朝下摆入

烤模(图 1-2-20,图 1-2-21)。

五、最后醒发及烘烤冷却

(1)烤模用平烤盘承托,在温度 36 ℃、相对湿度 85％的醒发箱内,最后醒发约 1 小时,至烤模高度的九成即可入炉烘烤。

(2)预热烤炉设置面火温度 180 ℃、底火温度 190 ℃,烘烤时间约 40 分钟,至表面金黄色即可。出炉后趁热脱模,直立于冷却架上冷却至室温(图 1-2-22,图 1-2-23)。

▶ 任务评价

胡萝卜汁方包的产品特点:表皮呈深橙色,周边呈浅橙色,体积大小适中,外观匀称挺直,边角整齐清晰,无裂口,无凹陷;面包内部色泽橙黄,组织结构整齐有序,孔眼大小适中,均匀细腻,柔软而有光泽,有浓郁的发酵风味和突出的胡萝卜味(图 1-2-24)。

图 1-2-10　　　　　　　　图 1-2-11　　　　　　　　图 1-2-12

图 1-2-13　　　　　　　　图 1-2-14　　　　　　　　图 1-2-15

图 1-2-16　　　　　　　　图 1-2-17　　　　　　　　图 1-2-18

图 1-2-19　　　　　　　　图 1-2-20　　　　　　　　图 1-2-21

图 1-2-22

图 1-2-23

图 1-2-24

视频:椰宾方包

任务三 椰宾方包

任务描述

　　椰宾方包为包含甜馅料的方包款式,是市场上广为流行的产品之一。本课产品采用二次发酵法来制作。

任务目标

　　掌握二次发酵法并制作完成一个椰宾方包。

任务实施

一、制作配方

① 面团配方

原料	面种部分		主面团部分	
	烘焙百分比/(%)	重量/克	烘焙百分比/(%)	重量/克
高筋粉	70	700	30	300
水	65	455	57	115
酵母	0.8	8	0.2	2
食盐	—	—	1	10
白砂糖	—	—	18	180
奶油	—	—	6	60
鸡蛋	—	—	5	50
奶粉	—	—	4	40
改良剂	—	—	0.3	3

烘焙百分比合计 192.3%;重量合计 1923 克

Note

❷ 椰宾馅料配方

原料	百分比/（%）（以椰蓉为基准）	重量/克
椰蓉	100	100
糖粉	70	70
奶粉	5	5
奶油（熔化）	40	40

二、馅料的制备

（1）先将椰蓉、糖粉、奶粉混合均匀，然后边搅拌边加入熔化奶油。

（2）所有材料搅拌均匀，成为金黄色的松散混合体。手用力握可以成团，但轻捏即碎（图1-2-25，图1-2-26）。

图 1-2-25

图 1-2-26

三、面团的制备和发酵

本课产品采用二次发酵法来生产制作，面团的制备和发酵，可参照项目一任务三的方法及步骤来完成。

主面团经过延续发酵后，即可进入下一步整形工序。

四、面团整形

❶ 面团分割、搓圆 发酵好的大面团置于台面上，分割成400克/个的小面团。使用称量工具准确称重，以保证面包产品的规整。在台面上用手搓圆，摆放在干净的烤盘里，盖上塑料膜，在室温下中间醒发40分钟（图1-2-27，图1-2-28）。

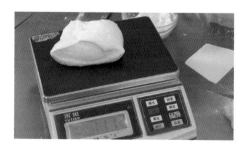

图 1-2-27

图 1-2-28

❷ 成形 用小擀棍擀薄均匀排气，擀开成长圆形。表面刷熔化的奶油，以帮助馅料黏附。均匀铺撒椰宾馅料。然后紧密卷起成圆柱形（图1-2-29至图1-2-32）。

❸ 摆盘 用利刃对面团进行切口后放入烤模（图1-2-33，图1-2-34）。

图 1-2-29

图 1-2-30

图 1-2-31

图 1-2-32

图 1-2-33

图 1-2-34

五、最后醒发及烘烤冷却

（1）烤模用平烤盘承托，置于温度 36 ℃、相对湿度 85％ 的醒发箱内，最后醒发约 1 小时，醒发至烤模高度的九成即可。

（2）预热烤炉设置面火温度 180 ℃、底火温度 200 ℃，烘烤时间约 35 分钟，烘烤至表面棕黄色即可。出炉后趁热脱模，直立于冷却架上冷却至室温（图 1-2-35，图 1-2-36）。

任务评价

制作良好的椰宾方包，表皮呈金黄色，周边呈浅黄色，体积大小适中，外观挺直无凹陷，表面花纹均匀美观，边角整齐清晰，有浓郁的椰香和发酵风味（图 1-2-37）。

图 1-2-35

图 1-2-36

图 1-2-37

视频：葡萄干
方包

任务四 葡萄干方包

任务描述

葡萄干含有大量的果糖和维生素，风味独特、营养丰富，并且具备天然的防腐作用。葡萄干面包亦是市场上广为流行的产品之一。本课产品采用二次发酵法制作。

面包大讲坛：
面包主要
原料
1-2-4

 任务目标

掌握二次发酵法并制作完成一个葡萄干方包。

任务实施

一、面团配方

原料	面种部分		主面团部分	
	烘焙百分比/(%)	重量/克	烘焙百分比/(%)	重量/克
高筋粉	70	700	30	300
水	65	455	53	75
酵母	0.8	8	0.2	2
食盐	—	—	1.5	15
白砂糖	—	—	20	200
奶油	—	—	8	80
鸡蛋	—	—	10	100
葡萄干	—	—	20	200
改良剂	—	—	0.3	3
烘焙百分比合计 213.8%；重量合计 2138 克				

二、葡萄干面团的制备和发酵

❶ **葡萄干的预处理**　葡萄干准确称重后洗净,用冷水浸泡 30 分钟,或用热水浸泡 5 分钟,至完全浸透泡软,沥干水分备用。不可浸泡时间过长,否则会使葡萄干的风味和营养流失。

也可以使用糖浆、朗姆酒等浸泡,以增加特殊风味,可以浸泡过夜并在冰箱内长期保存备用。

❷ **制作**　本课产品采用二次发酵法来生产制作,面团的制备和发酵,可参照项目一任务三方法及步骤来完成。

唯一不同的是浸软的葡萄干应在主面团搅拌的最后加入,慢速搅拌均匀即可。注意不可高速、长时间搅拌,以避免葡萄干被搅烂无形状,并将面团沾染成褐黄色,影响产品品质。

主面团经过延续发酵后,即可进入下一步整形工序(图 1-2-38,图 1-2-39)。

图 1-2-38

图 1-2-39

三、面团整形

❶ **面团分割**　发酵好的大面团置于台面上,分割成 400 克/个的小面团。使用称量工具准确称

重,以保证面包产品的规整(图1-2-40,图1-2-41)。

❷ **面团搓圆、中间醒发** 准确分割好的小面团,在台面上用手搓圆,摆放在干净的烤盘里,盖上塑料膜,在室温下中间醒发40分钟(图1-2-42)。

| 图 1-2-40 | 图 1-2-41 | 图 1-2-42 |

❸ **成形** 用小擀棍擀薄均匀排气,擀开成长圆形,然后紧密卷起成圆柱形。接口朝下将成形好的面团放入涂油的烤模内(图1-2-43,图1-2-44)。

| 图 1-2-43 | 图 1-2-44 |

四、最后醒发及烘烤冷却

(1)烤模用平烤盘承托,置于36 ℃、相对湿度85%的醒发箱内,最后醒发约1小时,醒发至烤模高度的九成即可。

(2)预热烤炉设置面火温度180 ℃、底火温度200 ℃,烘烤时间约35分钟,烘烤至表面棕黄色即可。出炉后趁热脱模,直立于冷却架上冷却至室温(图1-2-45,图1-2-46)。

任务评价

葡萄干方包,表皮呈金黄色,周边呈浅黄色,体积大小适中,外观挺直无凹陷,边角整齐清晰,内部组织均匀有序,葡萄干数量充分、分布均匀,有浓郁的果香和发酵风味(图1-2-47)。

| 图 1-2-45 | 图 1-2-46 | 图 1-2-47 |

项目小结

本项目详细讲解了几款经典的主食方包的制作工艺过程。对面包制作的四种主要原料面粉、酵母、水、食盐的功用及使用情况、影响因素等进行了详细阐述,能够帮助面包师更好地掌控生产工艺。

项目三

甜面团面包

项目描述

　　甜面团面包也叫甜餐包,是品种较为丰富的一类面包。这类面包的面团配方中糖、油比例高,面包柔软香甜,又常配以各种特色馅料,尤其深受亚洲区域消费者的喜爱。我们也通常把甜餐包当作早餐和外出旅行必备的方便食品。甜餐包面团重量一般不超过 100 克,制作方法多采用快速法,面包店中常为现烤现卖。

项目目标

　　本项目介绍并帮助大家掌握几款市场上广为流行、材料常规、基础易做的甜面团面包。

 **任务一** **酥粒包**

视频:酥粒包

任务描述

　　酥粒包是当前市场上最为流行的甜餐包之一。口味中规中矩、制作方法简单易学。

任务目标

　　掌握快速发酵法并制作完成一个酥粒包。

任务实施

一、面团配方

❶ 主面团

原料	烘焙百分比/(%)	重量/克
高筋粉	100	1000
水	53	530
酵母	1.5	15
食盐	1.5	15
白砂糖	10	100

续表

原料	烘焙百分比/（%）	重量/克
人造奶油	10	100
鸡蛋	10	100
改良剂	0.3	3
合计	186.3	1863

❷ 酥粒装饰料

原料	烘焙百分比/（%）	重量/克
低筋粉	100	150
糖粉	50	75
奶油	50	75
合计	200	300

二、面团的制备和发酵

本课产品采用快速发酵法来生产制作，面团的制备可参照项目一任务一的方法及步骤来完成。

主面团于台面滚圆，盖上薄膜，置于温度 30 ℃、相对湿度 75% 的条件下发酵约 30 分钟，然后即可进入下一步整形工序。

三、酥粒装饰料准备

（1）低筋粉、糖粉过筛，和奶油一起用手搓匀，直至完全混匀可捏成团（图 1-3-1，图 1-3-2）。

图 1-3-1

图 1-3-2

（2）将面团放入圆孔筛用力向下挤压，挤出长短、粗细均匀的颗粒。用覆有薄膜的托盘承接，用薄膜将酥粒包好，放入冰箱冻硬后备用（图 1-3-3，图 1-3-4）。

图 1-3-3

图 1-3-4

四、面团整形

1 面团分割、中间醒发　面团发酵完成后,准确称量分割成 60 克重的小面团。将分割好的小面团分别滚圆,盖上薄膜,台面松弛 15～20 分钟(图 1-3-5,图 1-3-6)。

2 成形、摆盘　松弛好的面团擀薄排气,卷成中间大、两头小的长橄榄形面团(图 1-3-7,图 1-3-8)。

双手捏住面团接缝底部,在干净的湿毛巾上将面团表面沾湿,然后在酥粒装饰料上滚动几下,使面团表面均匀地粘上酥粒,整齐摆放于平烤盘上(图 1-3-9,图 1-3-10)。

五、最后醒发和烘烤

将整形好的面团放入醒发箱,置于温度 36 ℃、相对湿度 85% 条件下醒发约 1 小时。醒发完成后,送入烤炉烘烤。面火温度 200 ℃,底火温度 180 ℃,烘烤 15～20 分钟,至表面棕黄色出炉(图 1-3-11,图 1-3-12)。

任务评价

制作完好的酥粒包,金黄色的酥粒均匀地分布在面包表皮,外形呈梭状,内部组织松软而有弹性,孔眼均匀细密,具有酥粒包特有的香气和风味(图 1-3-13)。

图 1-3-5

图 1-3-6

图 1-3-7

图 1-3-8

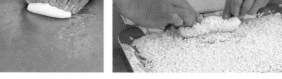

图 1-3-9

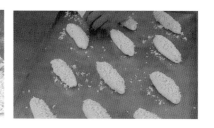

图 1-3-10

图 1-3-11

图 1-3-12

图 1-3-13

任务二　菠萝包

任务描述

菠萝包因其表面装饰的酥皮外形酷似菠萝而得名,酥皮松脆香甜、面包柔软绵香,是当前市场上较受欢迎的甜餐包之一。

任务目标

掌握快速发酵法并制作完成一个菠萝包。

任务实施

一、面团配方

❶ 主面团

原料	烘焙百分比/(%)	重量/克
高筋粉	100	1000
水	53	530
酵母	1.5	15
食盐	1.5	15
白砂糖	10	100
人造奶油	10	100
鸡蛋	10	100
改良剂	0.3	3
合计	186.3	1863

❷ 菠萝包表皮装饰料

原料	烘焙百分比/(%)	重量/克
低筋粉	100	200
糖粉	70	140
奶油	60	120
鸡蛋	40	80
合计	270	540

二、面团的制备和发酵

本课产品采用快速发酵法来生产制作,面团的制备和发酵同本项目任务一。

三、菠萝包表皮装饰料准备

（1）糖粉过筛，和奶油一起在台面上用手搓匀，颜色逐渐变浅发白，直至松发状态。分次加入鸡蛋，继续搓匀，至鸡蛋完全混匀、滑腻均匀（图1-3-14，图1-3-15）。

（2）低筋粉过筛加入，采用折叠按压法轻轻混匀，切忌大力搓揉，以免起筋。混匀后将面团整理成圆柱形，用塑料薄膜包好备用，防止表面干裂。如有必要可置冰箱稍稍冻硬后使用（图1-3-16，图1-3-17）。

四、面团整形

❶ **面团分割、中间醒发**　面团发酵完成后，准确称量分割成60克重的小面团。将分割好的小面团分别滚圆，盖上薄膜，台面松弛15～20分钟（图1-3-18，图1-3-19）。

❷ **成形**　分割菠萝表皮装饰料20～25克/个。小面团再次手工排气、搓圆，菠萝皮压扁盖在小面团表面。将菠萝皮放入左手掌心，右手捏住面团挤向菠萝皮，挤压时左手托住菠萝皮逐次转动，使菠萝皮慢慢展开，包住面团表面2/3以上面积（图1-3-20，图1-3-21）。

❸ **摆盘**　用模具按压面团表面，压出菠萝网纹，然后移入纸托，整齐摆放在烤盘上（图1-3-22）。

五、最后醒发和烘烤

将整形好的面团放入醒发箱，置于温度36 ℃、相对湿度85％条件下醒发约1小时。醒发完成后取出，表面刷2次蛋液。

送入烤炉烘烤。面火温度200 ℃，底火温度180 ℃，烘烤15～20分钟，至表面棕黄色出炉（图1-3-23，图1-3-24）。

任务评价

制作完好的菠萝包，表皮松脆，呈金黄色菠萝纹，具有浓郁的奶油香味；内部组织松软并有弹性，孔眼均匀细腻，瓤心洁白，口味香甜（图1-3-25）。

图1-3-14　　　　　　　　　图1-3-15　　　　　　　　　图1-3-16

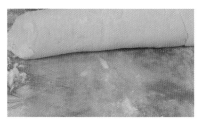

图1-3-17　　　　　　　　　图1-3-18　　　　　　　　　图1-3-19

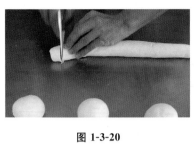

图 1-3-20

图 1-3-21

图 1-3-22

图 1-3-23

图 1-3-24

图 1-3-25

任务三　毛毛虫包

视频:毛毛虫
包

任务描述

毛毛虫包因外观形似毛毛虫而得名。毛毛虫包属于有表面装饰的甜餐包,其表面装饰料的制作类似于泡芙,故采用高筋粉制作。本课毛毛虫包的制作工艺采用快速发酵法。

任务目标

掌握快速发酵法并制作完成一个毛毛虫包。

任务实施

一、面团配方

❶ 主面团

原料	烘焙百分比/(%)	重量/克
高筋粉	100	1000
水	53	530
酵母	1.5	15
食盐	1.5	15
白砂糖	10	100
人造奶油	10	100
鸡蛋	10	100

Note

续表

原料	烘焙百分比/(%)	重量/克
改良剂	0.3	3
合计	186.3	1863

❷ 毛毛虫包表面装饰料

原料	烘焙百分比/(%)	重量/克
高筋粉	100	300
奶油	40	120
水	120	360
色拉油	40	120
鸡蛋	160	480
合计	460	1380

二、面团的制备和发酵

本课产品采用快速发酵法来生产制作,面团的制备和发酵同本项目任务一。

三、毛毛虫包表面装饰料准备

（1）先将奶油、色拉油和水一起放入平底锅内煮沸,然后边煮边加入已过筛的高筋粉,同时边加边迅速搅拌,以防止锅底焦煳(图1-3-26,图1-3-27)。

（2）面粉彻底拌匀煮透,不能有未煮到的白色面粉颗粒。关火,将面糊移入搅拌缸,使用桨状拌打器,慢速搅拌使之冷却(图1-3-28,图1-3-29)。

（3）面糊温度降至60 ℃时,分次边搅拌边加入鸡蛋,使鸡蛋与面糊完全混合均匀,即成为毛毛虫包表面装饰料。盖好塑料膜备用。

毛毛虫包表面装饰料的黏稠度应适当,用木铲铲起后让其自然流下,如能形成锯齿状则表示黏稠度比较适宜(图1-3-30,图1-3-31)。

四、面团整形

❶ **面团分割、中间醒发**　面团发酵完成后,准确称量分割成60克重的小面团。将分割好的小面团分别滚圆,盖上薄膜,台面松弛15～20分钟(图1-3-32,图1-3-33)。

❷ **成形**　松弛好的小面团擀薄排气,紧密卷起成均匀的长圆柱形,整齐摆放在烤盘上(图1-3-34,图1-3-35)。

五、最后醒发

整形好的面团放入醒发箱,置于温度36 ℃、相对湿度85％条件下醒发约1小时。醒发完成后取出,表面刷蛋液(图1-3-36)。

六、烘烤

用裱花袋在毛毛虫面团表面挤上毛毛虫包表面装饰料,装饰要均匀美观。

将面团送入烤炉烘烤。面火温度200 ℃,底火温度180 ℃,烘烤15～20分钟,至表面金黄色出炉(图1-3-37,图1-3-38)。

→ **任务评价**

横条纹状的毛毛虫包表面装饰料呈金黄色分布在面包表皮,条纹粗细、间隔均匀,而面包表皮则呈黄褐色,面包外观整体呈圆条形,内部组织松软而有弹性,孔眼细密,具有浓郁的蛋奶香味(图 1-3-39)。

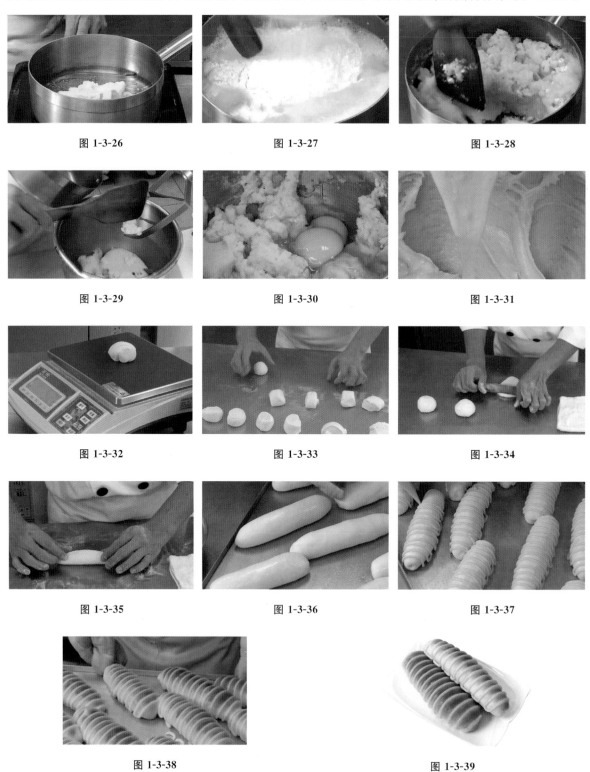

图 1-3-26   图 1-3-27   图 1-3-28

图 1-3-29   图 1-3-30   图 1-3-31

图 1-3-32   图 1-3-33   图 1-3-34

图 1-3-35   图 1-3-36   图 1-3-37

图 1-3-38   图 1-3-39

视频:芋头包

任务四 芋头包

任务描述

芋头包与莲蓉包、豆沙包类似,都是属于内包馅料的甜餐包,三者除馅料不同外,制作工艺完全相同。莲蓉和豆沙馅料很容易从市场购买到成品,而芋头馅料通常要现做。本课程以芋头包为例,通过改变馅料,可以制作出更多品种的面包。本课芋头包的制作工艺采用快速发酵法。

任务目标

掌握快速发酵法并制作完成一个芋头包。

任务实施

一、面团配方

❶ 主面团

原料	烘焙百分比/(%)	重量/克
高筋粉	100	1000
水	53	530
酵母	1.5	15
食盐	1.5	15
白砂糖	10	100
人造奶油	10	100
鸡蛋	10	100
改良剂	0.3	3
合计	186.3	1863

❷ 芋头馅料

原料	烘焙百分比/(%)	重量/克
芋头(蒸熟去皮)	100	500
白砂糖	20	100
奶粉	10	50
奶油	10	50
香芋香精	适量	适量
合计	140	700

注:仅列主要原料。

二、面团的制备和发酵

本课产品采用快速发酵法来生产制作,面团的制备和发酵同本项目任务一。

Note

三、芋头馅料准备

将芋头洗净去皮，切开隔水蒸透。熟芋头与奶油、奶粉、白砂糖、香芋香精一起加入搅拌缸，使用桨状拌打器，中、高速搅拌，至各种原料混合均匀成细腻的芋头泥，取出备用(图 1-3-40，图 1-3-41)。

图 1-3-40

图 1-3-41

四、面团整形

❶ **面团分割、中间醒发** 面团发酵完成后，准确称量分割成 60 克重的小面团。将分割好的小面团分别滚圆，盖上薄膜，台面松弛 15～20 分钟(图 1-3-42，图 1-3-43)。

❷ **成形** 松弛好的小面团擀薄成圆片状，包入芋头馅。注意收口出捏紧(图 1-3-44，图 1-3-45)。

捏住面团底部，在湿毛巾上把面团表面沾湿，然后再均匀地粘上白芝麻，放入纸托，整齐摆放在平烤盘上(图 1-3-46，图 1-3-47)。

五、最后醒发和烘烤

整形好的面团放入醒发箱，置于温度 36 ℃、相对湿度 85% 条件下醒发约 1 小时。

醒发完成后，送入烤炉烘烤。面火温度 200 ℃，底火温度 180 ℃，烘烤 15～20 分钟，至表面棕黄色出炉(图 1-3-48，图 1-3-49)。

▶ **任务评价**

芋头包表皮色泽金黄，香气四溢，外酥里糯，内部组织松软，有弹性，孔眼细密，有浓郁的芋头香味(图 1-3-50)。

图 1-3-42

图 1-3-43

图 1-3-44

图 1-3-45

图 1-3-46

图 1-3-47

图 1-3-48

图 1-3-49

图 1-3-50

视频：牛油排包

任务五　牛油排包

任务描述

牛油排包是常见的甜餐包品种，因成品面包表皮涂布牛油且外观呈排列状而得名，通常切片后入袋包装再行销售。本课牛油排包的制作工艺采用快速发酵法。

任务目标

掌握快速发酵法并制作完成一个牛油排包。

任务实施

一、面团配方

原料	烘焙百分比/（%）	重量/克
高筋粉	100	1000
水	58	580
酵母	1.2	12
食盐	1.5	15
白砂糖	20	200
人造奶油	8	80
鸡蛋	8	80
改良剂	0.3	3
合计	197	1970

二、面团的制备和发酵

本课产品采用快速发酵法来生产制作，面团的制备和发酵同本项目任务一。

三、面团整形

①面团分割、中间醒发 面团发酵完成后,准确称量分割成 60 克重的小面团。将分割好的小面团分别滚圆,盖上薄膜,台面松弛 15～20 分钟(图 1-3-51,图 1-3-52)。

②成形 将松弛后的小面团擀薄排气,卷成中间大、两头稍尖的橄榄形面团,再搓至所要求的长度。要求成形后的面团粗细、长短均匀一致,然后整齐摆放于垫有高温油纸的专用模具内,间隔约为 1 厘米(图 1-3-53,图 1-3-54)。

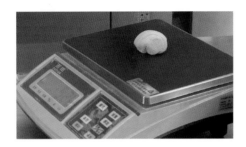

图 1-3-51

图 1-3-52

图 1-3-53

图 1-3-54

四、最后醒发和烘烤

整形好的面团放入醒发箱,置于温度 36 ℃、相对湿度 85% 条件下醒发约 1 小时。醒发结束后取出,在表面刷两次蛋液。

醒发完成后,送入烤炉烘烤。面火温度 200 ℃,底火温度 180 ℃,烘烤 15～20 分钟,至表面金黄色出炉。出炉后趁热在面包表面涂上奶油,取出置冷却架冷却至室温(图 1-3-55,图 1-3-56)。

任务评价

制作完好的牛油排包,外表呈半拱形,排列均匀整齐,连接紧密,表皮金黄有光泽,散发出浓郁的奶香味,十分诱人。内部组织松软,孔眼细密而有弹性,具有牛油排包特有的口感和风味(图1-3-57)。

图 1-3-55

图 1-3-56

图 1-3-57

任务六　辫子包

视频:辫子包

面包大讲坛:
面包辅助
原料
1-3-6

任务描述

辫子包是甜餐包类中的一个花色品种,其特点是成形时采用了编辫子的手法,成品面包的外观呈辫子形状,故取名辫子包。辫子包面团相对于其他甜餐包稍硬,为便于整形操作,一般采用快速发酵法制作工艺。常见的辫子包外形有三辫、四辫、五辫和六辫,区别在于编法不同而已,其余工序完全相同。本项目成形示范操作为五辫编法。

任务目标

掌握快速发酵法并制作完成一个辫子包。

任务实施

一、面团配方

原料	烘焙百分比/(%)	重量/克
高筋粉	100	1000
水	51	510
酵母	1	10
食盐	1.5	15
白砂糖	18	180
人造奶油	6	60
鸡蛋	5	50
改良剂	0.3	3
合计	182.8	1828

注:仅列主要原料。

二、面团的制备和发酵

本课产品采用快速发酵法来生产制作,面团的制备同本项目任务一。主面团于台面滚圆,盖上薄膜,置于冰柜内冷藏发酵约 60 分钟,然后即可进入下一步整形工序。

三、面团整形

❶ **面团分割、中间醒发**　面团发酵完成后,准确称量分割成 60 克重的小面团。将分割好的小面团分别滚圆,盖上薄膜,台面松弛 15～20 分钟(图 1-3-58,图 1-3-59)。

❷ **成形**　将松弛后的小面团擀薄排气,卷成中间大、两头稍尖的橄榄形面团,再搓至所要求的长度。要求搓长后的每一条小面团都粗细、长短均匀一致(图 1-3-60)。

五条搓长的小面团摆放一起,按编法编成五辫包,摆放在涂油的平烤盘上(图1-3-61,图1-3-62)。

四、最后醒发

放入醒发箱,置于温度36 ℃、相对湿度85%条件下醒发约1小时。醒发结束后取出,于表面刷两次蛋液,再均匀撒上白芝麻(图1-3-63,图1-3-64)。

五、烘烤

送入烤炉烘烤。面火温度190 ℃,底火温度180 ℃,烘烤30～35分钟,至表面金黄色出炉。置于冷却架上冷却至室温(图1-3-65)。

→ **任务评价**

制作完好的辫子包,表皮色泽金黄,白色的芝麻均匀分布在面包上表皮,香气四溢。外形有很强的立体感,辫子纹理清晰,凹凸分明,不爆裂,不漏编,内部组织松软,有弹性,孔眼细密,瓤芯洁白(图1-3-66)。

图1-3-58

图1-3-59

图1-3-60

图1-3-61

图1-3-62

图1-3-63

图1-3-64

图1-3-65

图1-3-66

附:四辫、五辫、六辫包的编法示意图(图1-3-67,图1-3-68)

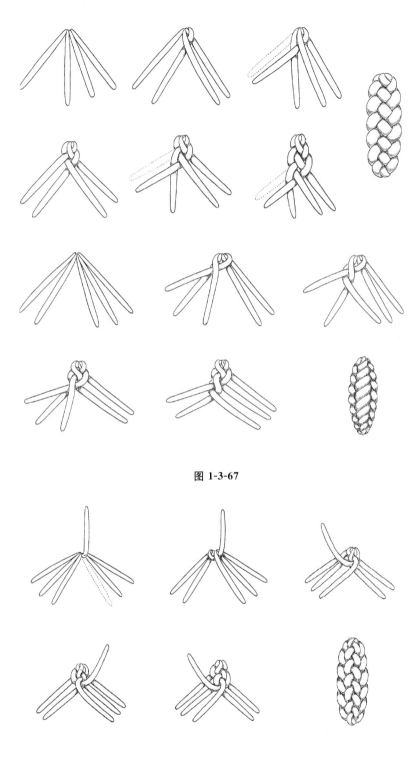

图 1-3-67

图 1-3-68

→ 项目小结

　　本项目详细讲解了几款经典的甜面团面包的制作工艺过程。对面包制作的五种辅助原料糖、油脂、蛋、奶、改良剂的功用及使用情况、影响因素等做了详细阐述,能够帮助面包师更好地掌控生产工艺。

项目四

硬面包

项目描述

　　硬面包主要流行于欧美国家,以法棍面包为代表,通常作为一日三餐的主食。其特点是较少使用辅助原料,基本上只以面粉、酵母、食盐为原料,低糖低油,以咸味居多。产品口感独特,表皮硬脆无弹性,但内部柔软有韧性,质地粗糙而有嚼劲。

项目目标

　　本项目介绍并帮助大家掌握几款市场上广为流行,为消费者熟知的代表性硬面包。

视频:法棍面包

任务一　法棍面包　🖵

➡ 任务描述

　　硬面包中最具有代表性的是法棍面包,法棍面包又称法国面包,因其外形像一条长长的棍子而得名。法棍面包是法国标志性特产,是世界上独一无二的硬面包。它与大多数的软面包不同,外皮较硬,但内部较软,配方中除食盐外几乎不添加其他食材,可以说是原汁原味的传统面包。

　　法棍面包的制作难度相对来说比较大,是对面包师技艺的考验。好的法棍面包外皮脆而不碎,内面柔软气孔大,外形具有独特的外翻裂口。

　　法棍面包制作工艺一般采用二次发酵法和过夜面团法。本课产品采用二次发酵法制作。

➡ 任务目标

　　掌握二次发酵法并制作完成一个法棍面包。

➡ 任务实施

一、面团配方

原料	面种部分		主面团部分	
	烘焙百分比/(%)	重量/克	烘焙百分比/(%)	重量/克
高筋粉	70	700	30	300

Note

续表

原料	面种部分		主面团部分	
	烘焙百分比/（%）	重量/克	烘焙百分比/（%）	重量/克
水	65	455	60	145
酵母	0.8	8	0.2	2
食盐	—	—	2	20
改良剂	—	—	0.3	3
烘焙百分比合计 163.3%；重量合计 1633 克				

二、面团的制备和发酵

本课产品采用二次发酵法进行生产制作，面团的制备和发酵，可参照项目一任务三的方法及步骤来完成。

三、面团整形

法棍面包要求面包内部保留较多的气孔，因此在操作过程中面团尽量不要搓揉，更不能擀压排气，以使面团保留更多的气体。因此，法棍面包整形时，一般采用按压法。面团外形呈棒状，长度约为 60 厘米。

❶ **面团分割、中间醒发**　准确称量分割成面团 350 克。由于要做成长棍形，故面团不需滚圆，而是卷成长圆形，盖上塑料膜，台面松弛约 30 分钟（图 1-4-1 至图 1-4-3）。

❷ **成形、摆盘**　面团不需排气，用手轻轻拍长，卷起成长棍形，长度约为 60 厘米。排放在撒干粉的布袋上（图 1-4-4，图 1-4-5）。

四、最后醒发

将整形好的面团放入醒发箱，置于温度 32 ℃、相对湿度 80% 条件下醒发 45～50 分钟，至九成即可（图 1-4-6，图 1-4-7）。

图 1-4-1

图 1-4-2

图 1-4-3

图 1-4-4

图 1-4-5

图 1-4-6

五、入炉烘烤

醒发完成后,用专用工具将面团移入垫有耐高温纸的专用面包铲中。用专用刀具或锋利刀片切口,切口数量通常为单数,多为 3 刀或 5 刀。

预热烤炉面火温度 230 ℃,底火温度 210 ℃。用专用面包铲送入烤炉,关炉门后喷蒸汽 3～5 秒钟,开始烘烤 30～35 分钟,至表面棕黄色(图 1-4-8,图 1-4-9)。

图 1-4-7 　　　　　　　　　　图 1-4-8 　　　　　　　　　　图 1-4-9

法棍面包烤好后,可以用手直接抓取出炉。置于冷却架上冷却至室温(图 1-4-10,图 1-4-11)。

图 1-4-10 　　　　　　　　　　　　　　图 1-4-11

→ 任务评价

法棍面包表皮松脆,色泽金黄,切口爆开。内部组织有较多且大的空洞,内心柔软而稍具韧性,充满浓郁的麦香味和发酵香味,特色的硬质脆皮越嚼越香(图 1-4-12,图 1-4-13)。

图 1-4-12 　　　　　　　　　　　　　　图 1-4-13

任务二　农夫面包 💻

视频:农夫面包

→ 任务描述

农夫面包又称乡村面包,属于硬面包类,其配方中通常不含糖和油,常添加裸麦等杂粮。工艺简

Note

单,成本低廉。农夫面包的口感类似于法棍面包,外皮硬脆,内面柔软有嚼劲,是欧美国家常见的主食面包。

农夫面包制作工艺一般采用二次发酵法和过夜面团法。本课产品我们采用二次发酵法。

 任务目标

掌握二次发酵法并制作完成一个农夫面包。

任务实施

一、面团配方

原料	面种部分		主面团部分	
	烘焙百分比/(%)	重量/克	烘焙百分比/(%)	重量/克
高筋粉	70	700	20	200
低筋粉	—	—	10	100
水	65	455	63	175
酵母	0.8	8	0.2	2
食盐	—	—	2	15
改良剂	—	—	0.3	3
烘焙百分比合计 166.3%;重量合计 1663 克				

二、面团的制备和发酵

本课产品采用二次发酵法来生产制作,面团的制备和发酵同本项目任务一。

三、面团整形

延续发酵完成后,准确称量分割面团 350 克。台面滚圆后放入撒有面粉的竹筐内,或直接放在撒有干面粉的平烤盘上(图 1-4-14,图 1-4-15)。

四、最后醒发

(1)将面团放入醒发箱,置于温度 34 ℃、相对湿度 80% 条件下醒发约 50 分钟,醒发至九成即可完成(图 1-4-16,图 1-4-17)。

(2)将面团从竹筐取出,倒扣于垫有高温油纸的平烤盘上,然后用锋利的刀片在表面切口,切口形状一般为网格状或星形放射线。切口后即刻送入烤炉烘烤(图 1-4-18,图 1-4-19)。

图 1-4-14　　　　　　　　　　图 1-4-15　　　　　　　　　　图 1-4-16

图 1-4-17　　　　　　　　图 1-4-18　　　　　　　　图 1-4-19

五、烘烤

烤炉预热面火温度 230 ℃,底火温度 210 ℃,入炉后喷蒸汽 3～5 秒钟,烘烤 30～35 分钟,至表面棕黄色,出炉后置于冷却架上冷却至室温(图 1-4-20,图 1-4-21)。

图 1-4-20　　　　　　　　　　　　　　　　图 1-4-21

▶ **任务评价**

农夫面包的成品特点是外脆内软,无糖无油,返朴归真。如果在面粉中掺入裸麦等杂粮,则面包更加营养健康(图 1-4-22,图 1-4-23)。

图 1-4-22　　　　　　　　　　　　　　　　图 1-4-23

视频:麦穗包

任务三　麦穗包 💻

▶ **任务描述**

麦穗包因其外观呈麦穗形状而得名。麦穗包的制作工艺与法棍面包基本相同,区别在于成形时用剪刀在长棍形面团左右剪几刀而使外形呈麦穗状。麦穗包的口感具有硬面包典型的特点,外皮硬脆,内面柔软有嚼劲,且越嚼越有麦香味。

麦穗包制作工艺一般采用二次发酵法和过夜面团法。本课产品采用二次发酵法制作。

任务目标

掌握二次发酵法并制作完成一个麦穗包。

 任务实施

一、面团配方

原料	面种部分		主面团部分	
	烘焙百分比/（％）	重量/克	烘焙百分比/（％）	重量/克
高筋粉	70	700	20	200
全麦粉	—	—	10	100
水	65	455	63	175
酵母	0.8	8	0.2	2
食盐	—	—	2	20
改良剂	—	—	0.3	3
烘焙百分比合计 166.3％；重量合计 1663 克				

二、面团的制备和发酵

本课产品采用二次发酵法来生产制作，面团的制备和发酵同本项目任务一。

三、面团整形

❶ **面团分割、中间醒发**　延续发酵完成后，准确称量分割成面团 350 克。由于要做成长条形，故面团不需滚圆，而是卷成长圆形，盖上塑料膜，台面松弛约 30 分钟（图 1-4-24 至图 1-4-26）。

图 1-4-24　　　　　　　　　图 1-4-25　　　　　　　　　图 1-4-26

❷ **成形、摆盘**　面团不需排气，用手轻轻拍长，卷起成长条形，排放在撒干粉的平烤盘上（图 1-4-27，图 1-4-28）。

四、最后醒发

将整形好的面团放入醒发箱，置于温度 34 ℃、相对湿度 80％ 条件下醒发约 55 分钟。醒发完成后用剪刀沿面团轴向左右交叉剪口，使面团呈麦穗形状（图 1-4-29）。

五、入炉烘烤

送入烤炉烘烤。面火温度 230 ℃，底火温度 210 ℃，入炉后喷蒸汽 3～5 秒钟，烘烤 30～35 分

图 1-4-27　　　　　　　　　　图 1-4-28　　　　　　　　　　图 1-4-29

钟,至表面棕黄色。出炉后置于冷却架上冷却至室温(图 1-4-30,图 1-4-31)。

➡ **任务评价**

麦穗包外形呈麦穗状,表皮脆硬,内面柔软,具有浓郁的麦香味(图 1-4-32)。

图 1-4-30　　　　　　　　　　图 1-4-31　　　　　　　　　　图 1-4-32

任务四　硬式小餐包

面包大讲坛:
烘焙计算
1-4-4

➡ **任务描述**

硬式小餐包的制作工艺和配方与前述硬面包基本相同,区别在于面团分割重量要小很多,且在面团整形时可根据需要做出多种变化。

硬式小餐包制作工艺一般采用二次发酵法和过夜面团法。本课我们采用二次发酵法。

➡ **任务目标**

掌握二次发酵法并制作完成几款硬式小餐包。

➡ **任务实施**

一、面团配方

原料	面种部分		主面团部分	
	烘焙百分比/(%)	重量/克	烘焙百分比/(%)	重量/克
高筋粉	70	700	30	300
水	65	455	63	175

续表

原料	面种部分		主面团部分	
	烘焙百分比/(%)	重量/克	烘焙百分比/(%)	重量/克
酵母	0.8	8	0.2	2
食盐	—	—	2	15
改良剂	—	—	0.3	3
烘焙百分比合计166.3%;重量合计1663克				

二、面团的制备和发酵

本课产品采用二次发酵法来生产制作,面团的制备和发酵同本项目任务一。

三、面团整形

(1)延续发酵完成后,按照款式要求分割面团60~150克。台面滚圆后中间醒发15分钟(图1-4-33,图1-4-34)。

(2)制作成各种款式造型(图1-4-35至图1-4-37)。

四、最后醒发

将面团放入醒发箱,置于温度34 ℃、相对湿度80%条件下醒发约60分钟。取出后按要求用锋利的刀片在表面切口(图1-4-38,图1-4-39)。

五、烘烤

烤炉预热面火温度230 ℃,底火温度210 ℃,入炉后喷蒸汽3~5秒,烘烤25~30分钟,至表面棕黄色。出炉后置于冷却架上冷却至室温(图1-4-40,图1-4-41)。

→ **任务评价**

硬式小餐包外形各异,表皮呈金黄色或深褐色,内部色泽洁白,有较大的孔眼;口感外硬内软,具有浓郁的麦香味,且越嚼越香,适合作为餐桌上的主食(图1-4-42至图1-4-44)。

图 1-4-33　　　　　　　图 1-4-34　　　　　　　图 1-4-35

图 1-4-36　　　　　　　图 1-4-37　　　　　　　图 1-4-38

图 1-4-39　　　　　　　　　图 1-4-40　　　　　　　　　图 1-4-41

图 1-4-42　　　　　　　　　图 1-4-43　　　　　　　　　图 1-4-44

项目小结

　　本项目详细地讲解了几款经典的硬面包的制作工艺过程。对面包制作过程中的配方计算、水温控制等做了深入的介绍,能够帮助面包师更好地掌控生产工艺。

丹麦面包

项目描述

　　丹麦面包属于起酥类面包,发源于维也纳,所以在有些地区也称其为维也纳面包。丹麦面包层次分明、奶香浓郁、质地松软。其制作特点是将酥油包于经过低温发酵并擀压的面团中,经过反复的折叠开酥,形成层次分明的多层结构的酥皮,然后利用此酥皮制作成造型各异的丹麦面包。

项目目标

　　本项目介绍并帮助大家掌握几款市场上广为流行的丹麦面包的制作方法。

任务一　丹麦酥皮的制作 🖥

视频:丹麦酥皮的制作

任务描述

　　丹麦酥皮是制作丹麦面包的基础。市场上花样繁多、款式各异的丹麦面包,都是在一块好的酥皮的基础上,设计制作出来的。开酥,即为制作丹麦面包最重要的基本功。随着食品机械的发展和普及,从最传统的手工开酥,逐渐向机械化生产过渡发展。

任务目标

　　掌握并制作完成一个丹麦酥皮。

任务实施

一、制作配方

	原料	烘焙百分比/(%)	重量/克
面团配方	高筋粉	85	850
	低筋粉	15	150
	冰水	48	480
	酵母	1.5	15

续表

	原料	烘焙百分比/(%)	重量/克
面团配方	白砂糖	16	160
	奶粉	4	40
	奶油	8	80
	鸡蛋	10	100
	食盐	1	10
	改良剂	0.3	3
	面团总重	188.8	1888
夹心酥油		50	500

二、面团的制备和冷冻发酵

丹麦面团的制备,可参照项目一任务一的方法及步骤来完成。注意使用冰水,尽量保持面团温度在 20～24 ℃。面筋搅拌至八九成即可,不需要完全扩展。

主面团于台面滚圆,擀棍擀开成 2～3 厘米厚的长方形面皮,盖上塑料膜,送入冰箱冷冻发酵 2～3 小时(图 1-5-1,图 1-5-2)。

三、包油

(1) 冷冻发酵完成的面皮取出,置于台面上用擀棍整理擀开成工整的长方形。整理夹心酥油的形状,使面皮的面积是酥油的 2 倍大小。扫净干面粉,将夹心酥油铺放在面皮上,对折法包油(图 1-5-3,图 1-5-4)。

(2) 包油要工整、均匀,面皮接缝处要捏紧,使其不漏油。在台面上用大酥棍将面皮擀开,注意用力均匀,逐渐擀开,保持面皮形状工整(图 1-5-5,图 1-5-6)。

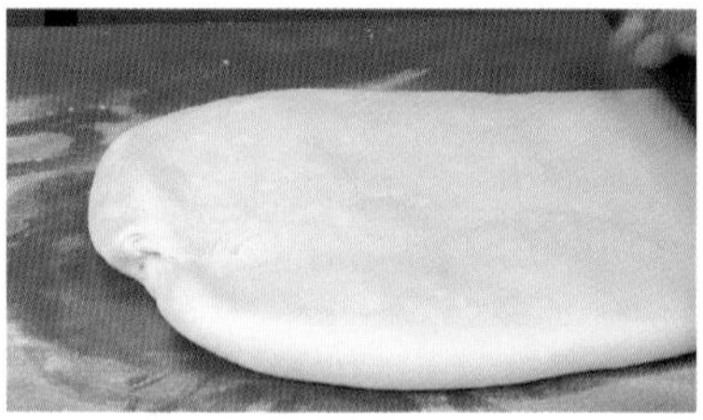

图 1-5-1

图 1-5-2

图 1-5-3

图 1-5-4

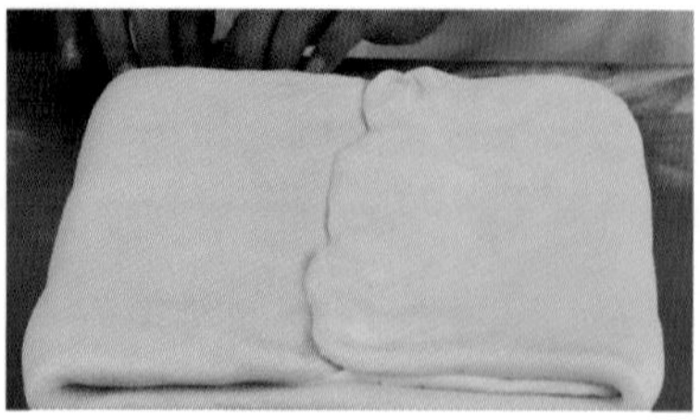

图 1-5-5

图 1-5-6

四、擀开折叠

(1) 面皮擀开至大约 1 厘米厚时,扫净干面粉,三折法折叠面皮。包好塑料膜,送入冰箱冷冻松弛 30～60 分钟(图 1-5-7,图 1-5-8)。

(2)从冰箱中取出冷冻松弛好的面皮,置于台面上再次擀开、折叠。全过程一共进行三次三折法的擀开、折叠操作,每次折叠后均需放入冰箱内冷冻松弛 30～60 分钟。最后一次折叠后,冰箱内冷冻松弛 60 分钟,擀薄至 0.6～0.8 厘米后,即可进入下一步整形工序(图 1-5-9)。

 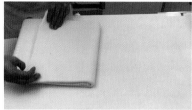 

图 1-5-7　　　　　　　　　图 1-5-8　　　　　　　　　图 1-5-9

→ 任务评价

丹麦酥皮是一种基础面皮,具有细密均匀的层次和良好的起酥膨胀性。在丹麦酥皮的基础上,可以制作出各种形状款式的丹麦面包。

在整个丹麦酥皮的制作过程中,始终保持较低的温度环境,使夹心酥油与面团互不混淆。保持面团与奶油的硬度相近,这样面团擀压时面皮与夹心酥油才能同步延展,最终得到层次分明的多层次结构。

开酥是丹麦面包制作的基本功。可以手工开酥或使用开酥机开酥。练习时可使用染成红色的夹心酥油,这样能够更清晰地看到开酥效果(图 1-5-10)。

图 1-5-10

任务二　牛角包

→ 任务描述

一提起丹麦面包,人们很容易想到牛角包。牛角包也是丹麦面包中较传统的标志性品种,因其外形酷似弯曲的牛角而得名。

牛角包的制作,最能体现出面包师"开酥"的功底,也是丹麦面包制作的第一关。牛角包制作成功了,基本上所有的丹麦面包制作都不会有问题。

→ 任务目标

掌握并制作完成一个牛角包。

→ 任务实施

一、丹麦酥皮的制作

可参见本项目任务一。

二、牛角包的成形

（1）完成三次折叠的丹麦酥皮，冷冻松弛1小时，即可最后一次擀薄成形。酥皮擀薄至0.8厘米左右的厚度，铺放在台面分割成形（图1-5-11，图1-5-12）。

（2）用利刀准确切割酥皮，成为底边10厘米、高20厘米的等腰三角形，三角形底边正中切开2厘米长的小口。将切口向两端拉伸，手掌均匀用力卷起酥皮，弯曲成牛角状（图1-5-13至图1-5-16）。

图 1-5-11

图 1-5-12

图 1-5-13

图 1-5-14

图 1-5-15

图 1-5-16

三、最后醒发、入炉烘烤

成形好的牛角包整齐摆放在刷油或垫纸的烤盘里，然后送入醒发箱进行最后醒发，醒发温度32 ℃、相对湿度80％，醒发时间40～50分钟，至体积2倍大，面团完全没有弹性即可。

醒发好的牛角包表面刷蛋液，入炉烘烤。面火温度210 ℃，底火温度170 ℃，入炉后通3～5秒蒸汽，烘烤时间约为25分钟，至表面金黄色即可（图1-5-17至图1-5-19）。

图 1-5-17

图 1-5-18

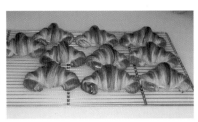
图 1-5-19

▷ 任务评价

牛角包外形酷似牛角，纹路清晰，颜色金黄有光泽，表皮酥脆，内部松软，呈均匀螺纹状组织，孔洞膨大均匀。其口感酥松，有浓郁的奶油香味（图1-5-20，图1-5-21）。

图 1-5-20

图 1-5-21

视频:葡萄干
丹麦卷

任务三　葡萄干丹麦卷

任务描述

葡萄干丹麦卷,是一款市场上普遍流行的产品。在丹麦酥皮的基础上,只需要简单的操作,即可大批量生产。通过调整馅料,可以制作出品种多样的丹麦面包。

任务目标

制作完成一个葡萄干丹麦卷。

任务实施

一、丹麦酥皮的制作

可参见本项目任务一。

葡萄干洗净,用冷水浸泡 30 分钟,或用热水浸泡 5 分钟,至完全浸透泡软,沥干水分备用。不可浸泡时间过长,否则会使葡萄干的风味和营养流失。

也可以使用糖浆、朗姆酒等浸泡葡萄干,以增加特殊风味,可以浸泡过夜并在冰箱内长期保存备用。

二、葡萄干丹麦卷的成形

(1)完成三次折叠的丹麦酥皮,冷冻 1 个小时以上,即可最后一次擀薄成形。酥皮擀薄至 0.6 厘米左右的厚度,切割一块大小适宜的酥皮,铺放在台面成形(图 1-5-22,图 1-5-23)。

(2)酥皮表面刷蛋液。均匀撒上肉桂糖(适量肉桂粉和细砂糖混合)、葡萄干(图 1-5-24,图1-5-25)。

(3)双手均匀用力,紧密卷起成长条形。间隔 2～3 厘米用利刀切段(图 1-5-26,图 1-5-27)。

三、最后醒发、入炉烘烤

将成形的葡萄干丹麦卷整齐摆放在刷油或垫纸的烤盘里,然后送入醒发箱进行最后醒发。醒发温度 32 ℃,相对湿度 80%,醒发时间 40～50 分钟,至体积 2 倍大,面团完全没有弹性即可。

图 1-5-22

图 1-5-23

图 1-5-24

图 1-5-25

图 1-5-26

图 1-5-27

　　醒发好的葡萄干丹麦卷表面刷蛋液,入炉烘烤。面火温度 210 ℃,底火温度 170 ℃,入炉后通3～5 秒蒸汽,烘烤时间约为 25 分钟,至表面金黄色即可(图 1-5-28,图 1-5-29)。

⟶ 任务评价

　　葡萄干丹麦卷外形呈均匀卷起螺纹状,纹路清晰,色泽棕黄,表皮松脆,内部柔软,孔洞膨大均匀。口感酥松,有浓郁的奶油香味(图 1-5-30)。

图 1-5-28

图 1-5-29

图 1-5-30

任务四　丹麦花生酥条

面包大讲坛:
冷冻面团
面包

1-5-4

⟶ 任务描述

　　丹麦花生酥条是一款市场上普遍流行的产品。其馅料变化多端,样式整齐美观,制作方法简单易学。通过调整馅料,可以制作出品种多样的丹麦面包。

⟶ 任务目标

　　制作完成一个丹麦花生酥条。

一、丹麦酥皮的制作

可参见本项目任务一。

二、葡萄干丹麦卷的成形

（1）完成三次折叠的丹麦酥皮，冷冻 1 小时以上，即可最后一次擀薄成形。酥皮擀薄至 0.6 厘米左右的厚度，切割一块大小适宜的酥皮，铺放在台面成形（图 1-5-31，图 1-5-32）。

（2）酥皮表面均匀涂抹花生酱，铺撒烤香的花生碎。对折切分成 2 片，翻转后叠在一起（图 1-5-33，图 1-5-34）。

（3）用利刀切成 2～3 厘米宽的长条形小块，对折，在方块中间切口后打开。双手持两端同向翻转，成形后两端向外稍加拉伸（图 1-5-35 至图 1-5-38）。

三、最后醒发、入炉烘烤

成形好的丹麦花生酥条整齐摆放在刷油或垫纸的烤盘里，然后送入醒发箱进行最后醒发。醒发温度 32 ℃，相对湿度 80％，醒发时间 40～50 分钟，至体积 2 倍大，面团完全没有弹性即可。

醒发好的丹麦花生酥条表面刷蛋液，入炉烘烤。面火温度 210 ℃，底火温度 170 ℃，入炉后通 3～5 秒蒸汽，烘烤时间约为 25 分钟，至表面金黄色即可（图 1-5-39，图 1-5-40）。

图 1-5-31

图 1-5-32

图 1-5-33

图 1-5-34

图 1-5-35

图 1-5-36

图 1-5-37

图 1-5-38

图 1-5-39

→ **任务评价**

丹麦花生酥条造型独特美观,层次清晰,色泽棕黄,表皮松脆,内部柔软,孔洞膨大均匀。口感酥松,有浓郁的奶油香味(图 1-5-41)。

图 1-5-40

图 1-5-41

→ **项目小结**

本项目详细讲解了几款经典的丹麦面包的制作工艺过程。对现代面包生产的新工艺——冷冻面团技术做了系统详尽的分析和讲解,对面包师应用新工艺更好地掌控面包生产有所帮助。

健康面包

　　健康面包以硬质面包为基础,较少使用糖、油、蛋、奶等高成分材料,基本上只以面粉、酵母、食盐为原料,配以各种杂粮坚果,带来独特的风味以及口感咬劲。此类面包中因使用各种杂粮坚果,为人体提供大量的不饱和脂肪酸、B族维生素和膳食纤维,非常符合现代人的健康需求,故以健康面包命名,是近年来欧美国家最为流行的面包品种。

　　本项目介绍几款市场上广为流行、材料常规、基础易做的健康面包的制作方法。

视频:全麦吐司

任务一　全麦吐司　🖥

任务描述

　　全麦吐司采用吐司方包的形式,配以足量的全麦粉,属于主食面包类。其配方中仅添加少量的糖,有助于表皮颜色上色;为了抵消全麦粉粗糙的口感,配方中加入了足够的奶油,可起到润滑作用。本课产品采用二次发酵法制作工艺。

任务目标

　　掌握二次发酵法并制作完成一个全麦吐司。

任务实施

一、面团配方

原料	面种部分		主面团部分	
	烘焙百分比/(%)	重量/克	烘焙百分比/(%)	重量/克
高筋粉	70	700	10	100
全麦粉	—	—	20	200

57

续表

原料	面种部分		主面团部分	
	烘焙百分比/（％）	重量/克	烘焙百分比/（％）	重量/克
水	65	455	55	95
酵母	1	10	0.2	2
食盐	—	—	1.5	15
白砂糖	—	—	2	20
奶油	—	—	6	60
改良剂	—	—	0.3	3
烘焙百分比合计 166％；重量合计 1660 克				

二、面团的制备和发酵

本课产品采用二次发酵法进行生产制作，面团的制备和发酵可参照项目一任务三方法及步骤来完成。

由于面团中含有大量的全麦粉，故摊开面筋膜判断搅拌程度时与白面团稍有不同。面团中的全麦粉麸皮在搅拌时很容易损伤到面筋，尤其要小心避免主面团搅拌过度。

主面团经过延续发酵后，即可进入下一步整形工序（图 1-6-1，图 1-6-2）。

三、面团整形

❶ **面团分割、中间醒发**　发酵好的大面团置于台面上，分割成 400 克/个的小面团。使用称量工具准确称重，以保证面包产品的规整。面团搓圆，盖上塑料膜，在室温下中间醒发 40 分钟（图 1-6-3，图 1-6-4）。

❷ **成形**　面团用小擀棍擀薄以均匀排气，擀开成长圆形，然后紧密卷起成圆柱形。面团表面在湿毛巾上沾湿，在全麦粉上滚动，使表面均匀沾满全麦粉。接口朝下摆入烤模（图 1-6-5 至图 1-6-7）。

四、最后醒发及烘烤冷却

（1）烤模用平烤盘承托，置于温度 36 ℃，相对湿度 85％的醒发箱内，最后醒发约 1 小时，至烤模高度的九成即可入炉烘烤（图 1-6-8，图 1-6-9）。

（2）预热烤炉设置面火温度 170 ℃、底火温度 190 ℃，烘烤时间约 40 分钟，至表面金黄色即可。出炉后趁热脱模，直立于冷却架上冷却至室温。

▶ **任务评价**

全麦吐司口感松软、麦香浓郁。如果在面粉中掺入杂粮、果仁等，则营养价值更高（图 1-6-10）。

图 1-6-1　　　　　　　　　　　图 1-6-2　　　　　　　　　　　图 1-6-3

图 1-6-4　　　　　　　　　图 1-6-5　　　　　　　　　图 1-6-6

图 1-6-7　　　　　　　　　图 1-6-8　　　　　　　　　图 1-6-9

图 1-6-10

任务二　裸麦核桃包

视频:裸麦核桃包

任务描述

裸麦又叫黑麦,颜色比较深,质体比较紧密,味道稍有酸涩,有一种特别的香味。裸麦面粉中含有半纤维素,因此裸麦面粉中的面筋无法构成一个支撑体积形状的框架,不像小麦粉面包那样多孔、松软。裸麦面包主要成分是粘在一起的淀粉,这使得它质体紧密、含有的气孔少。

裸麦中氨基酸含量比较高,另外裸麦中的半纤维素也有很高的营养价值。有研究认为半纤维素在消化道中待的时间较长,有一定的抗癌作用。核桃当中油脂含量高,且多数为高不饱和脂肪酸,对心脑血管有很好的保健价值。

裸麦核桃包体积稍小、组织紧密,颜色偏深,口味酸涩稍黏。其营养价值和保健作用非常好。

本课产品采用过夜面团发酵法制作工艺。过夜面团发酵法的制作过程与二次发酵法基本相似,仅仅是减少面种比例,使其缓慢发酵过夜。过夜面团发酵法可以大幅度提高面包生产效率,增加发酵风味,越来越受到重视和广泛使用。但其工艺难度和较高的发酵损耗,也是过夜面团发酵法推广发展的瓶颈。

任务目标

学习过夜面团发酵法并制作完成一个裸麦核桃包。

任务实施

一、面团配方

原料	过夜面种部分		主面团部分	
	烘焙百分比/(%)	重量/克	烘焙百分比/(%)	重量/克
高筋粉	40	400	45	450
裸麦粉	—	—	15	150
水	60	240	65	410
酵母	0.2	2	0.8	8
食盐	—	—	2	20
改良剂	—	—	0.3	3
核桃碎	—	—	10	100
烘焙百分比总计178.3%;重量总计1783克				

二、面团的制备和发酵

本课产品采用过夜面团发酵法来生产制作,面团的制备和发酵,可参照项目一任务三的方法及步骤来完成。

过夜面种于前一天下午下班前搅拌好后,盖塑料膜,室温下发酵过夜,第二天上午制作时使用。过夜面种的有效发酵时间可长达12~20小时。

由于面团中含有大量的裸麦粉和核桃碎,故难以通过面筋膜判断搅拌程度,只需用手感觉面团的弹韧性和拉伸性较好即可,小心避免主面团搅拌过度。

主面团经过延续发酵后,即可进入下一步整形工序。

三、面团整形

❶ **面团分割、中间醒发** 发酵好的大面团置于台面上,分割成400克/个的小面团。使用称量工具准确称重,以保证面包产品的规整。面团搓圆,盖上塑料膜,在室温下中间醒发20~30分钟(图1-6-11,图1-6-12)。

❷ **成形** 面团用小擀棍擀薄均匀排气,擀开成长圆形,然后紧密卷起成圆柱形。面团表面在湿毛巾上沾湿,在裸麦粉上滚动,使表面均匀沾满裸麦粉。接口朝下摆入烤模(图1-6-13,图1-6-14)。

四、最后醒发及烘烤冷却

(1)烤模用平烤盘承托,置于温度36 ℃、相对湿度85%的醒发箱内,最后醒发约1小时,至烤模高度的九成即可入炉烘烤(图1-6-15,图1-6-16)。

(2)预热烤炉设置面火温度180 ℃、底火温度190 ℃,烘烤时间约40分钟,至表面褐黄色即可。出炉后趁热脱模,直立于冷却架上冷却至室温。

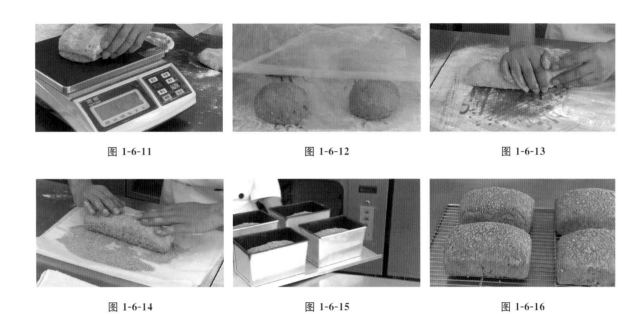

图 1-6-11　　　　　　　　　图 1-6-12　　　　　　　　　图 1-6-13

图 1-6-14　　　　　　　　　图 1-6-15　　　　　　　　　图 1-6-16

任务评价

裸麦核桃包表皮柔韧、内部紧实,颗粒质感有嚼劲,色泽褐黄,口味偏酸,有独特的裸麦香味(图 1-6-17)。

图 1-6-17

任务三　意大利面包

视频:意大利
面包

任务描述

意大利面包又称"夏巴塔",是一款传统的意大利乡村面包。20 世纪中叶,一位住在意大利北部 Como 湖的面包师,发现这种面包和当地人穿的拖鞋很像,于是就戏称这个面包叫科摩拖鞋面包,"夏巴塔"即是意大利语拖鞋的音译。在接下来的半个世纪里,这款面包就成了非官方的传统意大利面包。

意大利面包外表是乡村面包的硬皮,里面却是大空洞,湿润且有弹韧性的嚼劲。它无糖低油,是一种非常健康的基础面包。

本课产品采用过夜面团发酵法制作工艺。

→ 任务目标

学习过夜面团发酵法并制作完成一个意大利面包。

→ 任务实施

一、面团配方

原料	过夜面种部分		主面团部分	
	烘焙百分比/(%)	重量/克	烘焙百分比/(%)	重量/克
高筋粉	40	400	45	450
低筋粉	—	—	15	150
水	65	260	65	390
酵母	0.2	2	0.8	8
食盐	—	—	2	20
橄榄油	—	—	3	30
烘焙百分比总计171%;重量总计1710克				

二、面团的制备和发酵

本课产品采用过夜面种发酵法来生产制作,面团的制备和发酵及过夜面种的准备同本项目一任务二。

主面团搅拌完成后,取出已涂油的平烤盘中摊平,延续发酵45分钟。翻面后继续发酵45分钟(图1-6-18,图1-6-19)。

三、面团整形

发酵好的面团移至撒干粉的台面,摊薄成约2厘米厚的长方形,切成约12厘米长、6厘米宽的长方形小面团,轻轻摆放在垫纸的平烤盘上(图1-6-20,图1-6-21)。

四、最后醒发及烘烤冷却

(1)放进醒发箱,置于温度32 ℃、相对湿度80%的醒发箱内,最后醒发40~50分钟(图1-6-22,图1-6-23)。

(2)预热烤炉设置面火温度230 ℃、底火温度210 ℃,用专用面包铲将面团连纸送入砖底炉,入炉后通蒸汽3~5秒钟,烘烤约30分钟,至表面金黄色即可出炉。置于冷却架上冷却至室温(图1-6-24)。

→ 任务评价

"夏巴塔"是一款经典的意大利乡村面包,其湿润松软的组织,筋道皮实的表皮,朴实自然的味道,健康简单的成分,构成了这一款驰名全球的经典面包(图1-6-25,图1-6-26)。

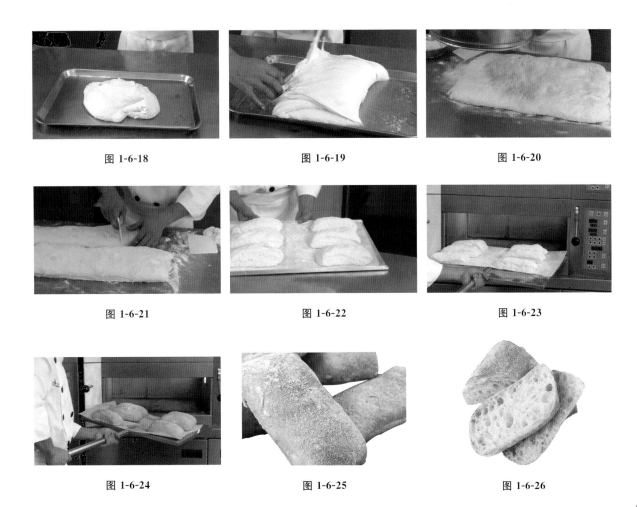

图 1-6-18　　　　　　　　图 1-6-19　　　　　　　　图 1-6-20

图 1-6-21　　　　　　　　图 1-6-22　　　　　　　　图 1-6-23

图 1-6-24　　　　　　　　图 1-6-25　　　　　　　　图 1-6-26

任务四　欧式杂粮包

 任务描述

　　人们如果长期进食纤维素少的精细食物,食用过多的动物性蛋白质、脂肪和食糖,往往会诱发心血管病、癌症、肥胖症、高血压等现代"文明病"。

　　欧式杂粮包中使用复合杂粮粒,包含了燕麦片、小麦碎、亚麻籽、葵花籽、核桃、榛子等原料,相较于普通面包,它含有更加丰富的矿物质、纤维素和维生素,能使面包的营养成分趋向全面合理,而且果仁中含有的不饱和脂肪酸对改善记忆及头发、皮肤、指甲的养护大有好处。经常食用杂粮面包有益于肠道蠕动,促进健康。

　　本课采用过夜面团发酵法制作工艺。

 任务目标

　　学习过夜面团发酵法并制作完成一个欧式杂粮包。

视频:欧式杂
粮包

面包大讲坛:
面 包 品 质
鉴定
1-6-4(1)

面包大讲坛:
面 包 老 化 与
腐败
1-6-4(2)

任务实施

一、面团配方

原料	过夜面种部分		主面团部分	
	烘焙百分比/(%)	重量/克	烘焙百分比/(%)	重量/克
高筋粉	40	400	45	450
全麦粉	—	—	15	150
水	65	260	63	370
酵母	0.2	2	0.8	8
食盐	—	—	2	20
改良剂	—	—	0.3	3
杂粮粒	—	—	10	100
杂果脯	—	—	20	200

烘焙百分比总计 196.3%;重量总计 1963 克

二、面团的制备和发酵

本课产品采用过夜面种发酵法来生产制作,面团的制备和发酵及过夜面种的准备同本项目任务二。

由于面团中含有大量的杂粮粒和杂果脯,故难以通过面筋膜判断搅拌程度,只需用手感觉面团的弹韧性和拉伸性较好即可,小心避免主面团搅拌过度。

主面团经过延续发酵后,即可进入下一步整形工序(图 1-6-27,图 1-6-28)。

三、面团整形

❶ **面团分割、中间醒发** 发酵好的大面团置于台面上,分割成 250 克/个的小面团。使用称量工具准确称重,以保证面包产品的规整。面团搓圆,盖上塑料膜,在室温下中间醒发 20~30 分钟(图 1-6-29,图 1-6-30)。

❷ **成形** 面团用小擀棍擀薄均匀排气,擀开成长圆形,然后紧密卷起成橄榄形。面团表面在湿毛巾上沾湿,在杂粮粒上滚动,使表面均匀沾满杂粮粒,接口朝下摆放在垫纸的平烤盘上(图 1-6-31 至图 1-6-34)。

四、最后醒发及烘烤冷却

(1) 放进醒发箱,设置温度 34 ℃、相对湿度 80%,醒发 50~60 分钟(图 1-6-35,图 1-6-36)。

(2) 预热烤炉设置面火温度 220 ℃、底火温度 200 ℃,用专用面包铲将面团连纸送入砖底炉,入炉后通蒸汽 3~5 秒钟,烘烤约 30 分钟,至表面金黄色即可出炉。置于冷却架上冷却至室温(图 1-6-37,图 1-6-38)。

图 1-6-27　　　　　　　　　图 1-6-28　　　　　　　　　图 1-6-29

图 1-6-30　　　　　　　　　图 1-6-31　　　　　　　　　图 1-6-32

图 1-6-33　　　　　　　　　　　　　　图 1-6-34

图 1-6-35　　　　　　　　　　　　　　图 1-6-36

图 1-6-37　　　　　　　　　　　　　　图 1-6-38

任务评价

　　欧式杂粮包外皮厚硬焦脆、内部松软,酵香丰富、麦香浓郁,富含大量的杂粮粒和杂果脯,极有咬劲,越嚼越香,适合作为餐桌上的主食(图 1-6-39)。

图 1-6-39

模块一
同步测试

→ 项目小结

　　本项目详细讲解了几款经典的健康面包的制作工艺过程。对面包品质评定、面包的老化和防腐等做了详细阐述,能够帮助面包师更好地控制生产,提升产品品质。

模块二

蛋糕制作

蛋糕概述

蛋糕是一种最受欢迎的甜食,我们首先要了解它的分类、评价标准,才能进一步掌握制作一款好蛋糕所需要的条件,并熟悉原料分类以及每种原料的作用、配方,熟练掌握相应的模具、工具及设备的使用,这样才能制作出一款质量优良、外形美观的蛋糕。

一、蛋糕的分类、评价标准及制作蛋糕的条件

(一)蛋糕的分类

蛋糕是一种受欢迎的甜食,它不但具有浓郁芬芳的香味,美观诱人的外表,更含有丰富的营养成分,同时还是某些特定场所不可缺少的道具,像结婚蛋糕、生日蛋糕等。目前我国市面上蛋糕种类繁多,像牛油蛋糕、瑞士蛋糕卷、黑森林蛋糕、芝士蛋糕等。根据材料和搅拌方法的不同,可以将蛋糕划分为三类。

❶ **面糊类蛋糕**　也称磅蛋糕,是用大量的黄油经过搅打再加入鸡蛋和面粉制成的一种蛋糕。因为不像其他两类蛋糕是通过打发蛋液来增加蛋糕组织的松软度,因此口感上会比其他两类蛋糕来得实一些。由于蛋糕中含有很高的油脂,所以口味非常香醇,加上油脂润滑面糊,使之产生柔软的组织,并帮助面糊在搅拌过程中融合大量空气,产生膨大作用。配方中油脂用量如已达面粉量的60%以上时,其在搅拌过程中所融合的空气已足够蛋糕在烤炉中膨胀,但低于面粉量60%时,就需要使用发粉或者小苏打来帮助蛋糕膨发。一般的奶油蛋糕像牛油戟蛋糕、魔鬼蛋糕、大理石蛋糕都属于面糊类蛋糕。面糊类蛋糕一般会添加水果或果脯,用来减轻奶油的油腻味。

❷ **乳沫类蛋糕**　此类蛋糕主要使用的原料是面粉、糖和鸡蛋,主要依靠鸡蛋中强韧和变性的蛋白质,在面糊搅拌和烘烤过程中使蛋糕膨大,不需要依赖发粉。此类蛋糕和面糊类蛋糕最大的区别是制作过程中不使用任何固体油脂。但为了降低蛋糕过大的韧性可在海绵蛋糕中酌量添加流质的液体油。乳沫类蛋糕由于所使用的鸡蛋的成分不同又可分为如下两类。

(1)海绵蛋糕　此类蛋糕是使用全蛋或者蛋黄和全蛋混合作为蛋糕的基本组织和膨大原料,依靠鸡蛋和糖搅打出来的泡沫和面粉结合而形成的网状结构,由于其内部组织有很多圆洞,类似海绵一样,所以叫海绵蛋糕。

(2)天使蛋糕　一种单纯使用蛋白制作,而且完全无油脂的蛋糕。由于其内部组织为白色,外表的装饰也多用白色的鲜奶油或糖霜,整个蛋糕洁白似雪,如同纯洁天使的化身,所以称为天使蛋糕。

❸ **戚风蛋糕**　戚风蛋糕综合了面糊类蛋糕和乳沫类蛋糕的面糊,改变乳沫类蛋糕的组织和颗粒而成。戚风蛋糕的质地非常轻,组织松软、水分充足、久存不易干燥、气味芬芳、口味清淡。在制作过程中需要把鸡蛋清打成泡沫状,来提供足够的空气以支撑蛋糕的体积,然后再与加了蛋黄的黄面糊混合。虽然戚风蛋糕非常松软,但它却带有弹性,且无软烂的感觉,吃时淋各种酱汁很可口。另外,戚风蛋糕还可做成各种蛋糕卷、波士顿派等。

(二)蛋糕的评价标准

无论是哪类蛋糕,都要从外观、内部、口感三方面来评价。

(1)外观必须颜色均匀,体积膨胀正常,无凹陷或收缩、破裂情形。

(2)内部组织水分充足而不粘牙,不可沾湿、粗糙,组织结构细腻。

(3)口感不能干燥,气味正常,有香味等。

(4)可长期储存而不变质。

（三）制作蛋糕的条件

想要制作出一款质量优良、外形精美的蛋糕是受很多因素影响的，主要包括以下几个方面。

❶ **使用质量好的原料**　原料的好坏直接影响到蛋糕品质。

❷ **性质和功能**　蛋糕主要材料有面粉、糖、油脂、鸡蛋、盐、奶水、化学膨大剂。按性质又可将它们分为干性原料、湿性原料、柔性原料、韧性原料、香味原料。各类原料的性质和功能详见下文"蛋糕原料分类"。

❸ **平衡**　根据蛋糕的属性，要在品质与成本之间保持平衡，包括干湿平衡、柔韧平衡、酸碱平衡。

❹ **正确的搅拌方法**　面糊搅拌有两个最大的作用，一是将配方中各种原料搅拌均匀，二是在面糊中打入适量的空气，使烤出的蛋糕具有膨大和细腻的组织。在面糊搅拌时应事先确定所做的是属于哪一类蛋糕，确认需要的搅拌器和搅拌速度。

❺ **正确的烘烤温度和时间**　每种蛋糕因性质不同，所以烘烤温度和时间也不一样，平时要积累烘焙经验才能应付自如，否则火力太大或太小都会影响到蛋糕表面的颜色和内部的组织。

❻ **冷却与包装**　有些蛋糕出炉时因温度骤然变化而收缩，因此在出炉前应进行冷却处理，以避免过度收缩。蛋糕暴露在空气中尤其受到风吹的影响很容易变干燥，所以冷却后应马上添加表面霜饰，或者予以妥善包装，可延长保存期限。

❼ **注意装饰**　经过霜饰处理的蛋糕，不但可以延长保质期，同时还有增加蛋糕外观美感和变换口味的特点。

以上七点基本原则，是做出良好品质蛋糕的基本保证。

二、原料分类及配方平衡

（一）蛋糕原料分类

做蛋糕的主要原料是面粉、鸡蛋、糖、油脂、盐、奶水、化学膨大剂等七种，另外还有香料、可可粉、巧克力等调味料，总共十几种。七种原料又可以把它们归纳成干性原料、湿性原料、柔性原料、韧性原料以及香味原料五种。

（1）干性原料：指这些原料用在蛋糕配方中可使蛋糕产生干的性质，必须有足够的液体原料来溶解它，面粉、糖、奶粉、发粉、盐、可可粉都属于干性原料。

（2）湿性原料：包括奶水、鸡蛋和糖浆等数种，它们在蛋糕配方内是水分的主要来源，供应足够的水分来溶解其他干性原料，使蛋糕保持湿润和膨大，也称液体原料。

（3）柔性原料：指油、糖、化学膨大剂、蛋黄等，它们的功用是使蛋糕保持柔软膨松。

（4）韧性原料：又可称为结构原料，它在蛋糕内可产生坚韧性质，或者可增强面粉的筋性而产生韧性，是构成蛋糕骨架的主要原料。这些原料包括面粉、奶粉、盐、可可粉、香料等。

（5）香味原料：包括糖、奶水、油、鸡蛋、可可粉、香料等，因为这些原料进炉熔化后可产生独特的香味，使蛋糕芳香而可口。

在制作蛋糕时应该注意每种原料所具的特性，灵活应用，这对蛋糕的制作有很大的好处，产品品质也可能很容易控制，万一发生不应有的弊病或因故变换原料时，可以根据弊病发生的原因和所变换的原料的性质，进行适当的调整，使其恢复正常。

（二）配方平衡

要充分发挥各种原料在蛋糕中的功能，就要进一步了解各种原料因为蛋糕性质不同，在蛋糕内的用量也不尽相同，在制定一个蛋糕配方时就应先决定所做的蛋糕是属于成本较高的还是成本较低的，蛋糕应属于松软的还是坚硬的。

　　一个好的烘焙技师所应负责的是生产适应当地顾客购买力的产品,而又须迎合顾客口味的产品,故同样一种蛋糕的配方在甲店能够受顾客的欢迎,而在乙店则并不能被接受,但是好的原料用量不多或少,在配方内都有一定的比例。换言之,配方中干性原料和湿性原料,以及韧性原料和柔性原料,相互间都有一定的用量规定,我们如能了解这些规定,那么虽然蛋糕因原料用量不同而有上中下之分,但是烤出来的蛋糕绝对是口味适宜,式样正确,除了品尝味道不同外(因原料成分不同),在烘焙技术上来说仍是标准的蛋糕。

　　衡量一个蛋糕的好坏主要是看其水分是否充足,质地是否细嫩。而在各种原料中,最能使蛋糕柔软并可提高水分含量的是糖,因此在配方平衡中通常以糖量作为平衡基础,由于各类蛋糕性能不一,在配方中使用糖的分量也不相同,因此在进行蛋糕配方平衡时,第一步就是要按照蛋糕所属种类首先决定糖的使用量,然后再决定可容纳的最大总水量,之后才是油、蛋及其他原料的用量,使配方内各种干性、湿性、柔性、韧性原料相互平衡。

三、蛋糕制作的模具、工具、设备

(一)各类蛋糕模具

　　说到烘焙模具大家就会有很多接触和用到的机会,无论是新手还是熟手都会常常用到,而且总有一些模具用得顺手。按照材质不同可以有以下多种。

　　❶ **蛋糕纸杯**　用来制作麦芬蛋糕,也可以烤制小纸杯蛋糕。市场上有很多种大小和花色可供选择。购买时注意纸模的直径与配方的比例,一般情况下使用蛋糕纸杯时面糊只倒至纸杯的 7～8 分(图 2-0-1)。

图 2-0-1

　　❷ **铝制模具**　专门用来制作天使蛋糕的模具。经过特殊处理的铝模,做出来的天使蛋糕样子很好看(图 2-0-2)。

图 2-0-2

　　❸ **金属不粘模具**　烘焙蛋糕中比较常见的蛋糕模具,造型丰富。具有不粘涂层。脱模时方便,无需刷油、撒粉。可根据配方需要选择不同的模具及尺寸(图 2-0-3)。

　　❹ **活体蛋糕模**　活体模具方便蛋糕脱模,脱模时先用小刀沿着模具边沿划开,再用手托起底托,整个蛋糕即可成功脱模。这样制成的蛋糕造型整齐,层次多样。如要制作戚风蛋糕的话,不要购

图 2-0-3

买不粘油的蛋糕模,因为太滑不利于蛋糕的膨发,比较适合选择活体模具(图 2-0-4)。

图 2-0-4

❺ 金属连排蛋糕模　见图 2-0-5。

❻ 硅胶连排蛋糕模　模具材质柔软,比较容易脱模,不粘油、易清洗。可用于蛋糕、慕斯、果冻、冰激凌等。可入烤箱及冰箱使用,不可接触明火(图 2-0-6)。

图 2-0-5　　　　　　　　　　　　　　　　图 2-0-6

❼ 烤瓷模具　陶瓷模具造型多样,一般用于制作布丁及舒芙蕾等甜点,比较耐烤。选择专用的烘焙陶瓷烤模,清洗时可以先浸泡一夜(图 2-0-7)。

(二)各类蛋糕工具

蛋糕在制作过程中经常使用的工具有轮刀、裱花袋、塑料括刀、酥棍、走槌电子秤、锯齿刀、蛋糕抹刀、蛋抽、量杯、刮板、温度计等(图 2-0-8)。

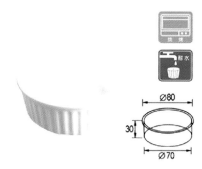
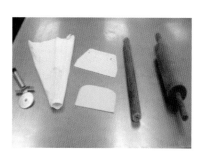

图 2-0-7　　　　　　　　　　　　　　　　图 2-0-8

（三）各种蛋糕制作设备

❶ **蛋糕搅拌设备** 蛋糕经过烘烤后体积会逐渐膨大，主要原因如下。

（1）依靠机械搅拌作用融合的空气，产生膨发作用。面糊类蛋糕：依靠油脂在搅拌过程中融入空气。乳沫、戚风蛋糕：依靠鸡蛋在搅拌过程中融入大量的空气。

（2）化学膨松剂的作用：如小苏打、臭粉和泡打粉。

（3）水蒸气的蒸发：靠机械搅拌作用使蛋糕膨发时需借助搅拌机。搅拌机一般配备不锈钢搅拌缸、钩、桨、球各一个。搅拌机操作时搅拌器高速旋转，使被调和物料相互间充分接触并剧烈摩擦，实现混合、乳化、充气及排出部分水分的目的。不论是用于打鲜奶油还是蛋糕，或面团搅拌，搅拌机都是非常得力的助手。搅拌机一般设置低、中、高三种搅拌速度（图2-0-9）。可依据不同工艺要求选择适当速度。标准配置如下。

低速挡：适用于高黏度面团的搅拌，选择工具为搅拌钩。

中速挡：适用于中黏度或含水量高的面团、馅料或高浓度奶油的搅拌，选择工具为搅拌桨或搅拌钩。

高速挡：适用于鲜奶油或蛋类的打发，选择工具为搅拌球或搅拌桨（图2-0-10）。

图 2-0-9

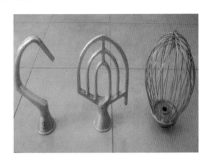

图 2-0-10

❷ **蛋糕烘烤设备** 蛋糕面糊制作好以后需要经过烤箱的烘烤。烤箱是一种密封的用来烤食物或烘干产品的电器，分为家用烤箱和工业烤箱。

1）家用烤箱 可以用来加工一些面食，如面包、比萨，或蛋塔、小饼干之类的点心。还有一些烤箱可以烤鸡肉。做出的食物通常香气扑鼻。

2）工业烤箱 由不锈钢板、冷钢板、角钢制作，表面覆漆，工作室采用优质的结构钢板制作。外壳与工作室之间填充硅酸铝纤维。加热器根据实际情况安装在底部、顶部或两侧，通过数显仪表与温感器的连接来控制温度。采用热风循环送风方式，热风循环系统分为水平式和垂直式，均经精确计算，风源是由送风马达运转带动风轮经由电热器，将热风送至风道后进入烘箱工作室的，且将使用后的空气吸入风道成为风源再度循环加热运用，如此可有效提高温度均匀性。如箱门使用时被开关，可借此送风循环系统迅速恢复操作状态的温度。

（1）工业烤箱的选择。

①定做：产能确定尺寸规格，满足生产需求，产能高。可以选择履带式工业烤箱（又称隧道炉）。

②温度：选择比实际使用温度高10 ℃即可。根据工艺要求，计算好实际要求的温差，以保证烘烤的效果。不同的产品，使用时低温状态下温差要稍微大一些，具体还得看厂家的设备质量。

③放料：即把产品放进烤箱。可以给烤箱分层，配置托盘，有网盘、实体盘、冲孔盘。多的话可以用料架、车架，但应注意一个问题，就是操作人员是否方便操作。举例说：一个高1500毫米、宽1500毫米、深850毫米的烤箱，如果做烤盘放物品，就要考虑操作人员能不能拿得动的问题。很多工厂里操作人员都是女性，如果要她们举起那个1500毫米×850毫米的烤盘，实在有点难度。

④摆放场地：如果烤箱是放置在楼层上的，就要考虑能不能进门、进电梯。

其实，都是一些技术上要满足的问题。烤箱没有多大的技术难度，结构简单，很容易被仿造。建议签署技术协议进行性能验收比较好。

（2）工业烤箱使用的注意事项。

①第一次使用电烤箱时要注意清洁。先用干净湿布将烤箱内外擦拭一遍，除去一些尘埃。然后可以空着炉使用高温烤一阵子，有时候可能会冒出白烟，这属于正常现象。烤完后要注意通风散热。等待冷却后可以再用清水擦洗一遍炉内壁。

②清洁后可以正常使用电烤箱了。在烘烤任何食物前，烤箱都需先预热至指定温度，才能符合食谱上的烘烤时间。烤箱预热约需 10 分钟，若烤箱预热空烤太久，也有可能影响烤箱的使用寿命。

③正在加热中的烤箱应避免烫伤。除了内部的高温，外壳以及玻璃门也很烫，所以在开启或关闭烤箱门时要小心，以免被玻璃门烫伤。将烤盘放入烤箱或从烤箱取出时，一定要使用柄，严禁用手直接接触烤盘或烤制的食物。切勿用手触碰加热器或炉腔其他部分，以免烫伤。

④烤箱在使用时，应先将温度调好。先将温度调好上火、下火，然后顺时针拧动时间旋钮（千万不要逆时针拧），此时电源指示灯发亮，证明烤箱在工作状态。在使用过程中，假如设定 30 分钟烤食物，但是通过观察，20 分钟食物就烤好，那么这个时候不要逆时针拧时间旋钮，可把三个旋钮中间的火位挡，调整为"关闭"就可以了，这样可以延长机器的使用寿命。这与微波炉的用法是不同的，微波炉可以逆转。

⑤每次使用完待其冷却后应进行清洁。应该注意的是，在清洁箱门、炉腔外壳时应使用干布擦抹，切忌用水清洗。如遇较难清除的污垢时可用洗洁精轻轻擦掉。电烤箱的其他附件如烤盘、烤网等可以用水洗涤。

⑥烤箱一定要摆放在通风的地方。不要太靠墙，便于散热。而且烤箱最好不要放在靠近水源的地方，因为工作的时候烤箱整体温度都很高，如果碰到水的话会产生温差。

⑦烤箱工作时，不要长时间守在烤箱前。如果烤箱的玻璃门发现有裂痕之类的要立刻停止使用。

面糊类蛋糕

项目描述

　　面糊类蛋糕，也称磅蛋糕，是用大量的黄油经过搅打再加入鸡蛋和面粉制成的一种蛋糕。一般的奶油蛋糕像魔鬼蛋糕、葡萄干蛋糕、巧克力花生杯蛋糕都属于面糊类蛋糕。

项目目标

　　学习各种面糊类蛋糕的制作，包括原料的运用，制作过程的操作要点，了解成品的特点。

任务描述

　　了解魔鬼蛋糕的特点、在制作过程中需要的原料以及各种原料对产品品质的影响，并且熟练掌握制作过程中的操作要点，产品制作完成后能够进行品质分析。

任务导入

　　魔鬼蛋糕属于面糊类蛋糕，油脂含量较高，具有浓郁的奶油香味，口感细腻绵软，成品从中间切开后可以看见清晰的灰色鬼脸曲线，这种曲线是如何形成的呢？本次任务就学习魔鬼蛋糕的制作过程以及魔鬼图案形成的原理。

任务目标

　　能够制作出外形精美、质量合格、侧面图案清晰的魔鬼蛋糕。

任务实施

一、制作配方

面糊	原料	烘焙百分比/(%)	重量/克
黄面糊	低筋粉	100	900
	糖	100	900
	盐	1	9
	奶油	50	450
	油脂	30	270
	鸡蛋	88	792
	奶水	26	234
	发粉	0.8	7.2
	合计	395.8	3562.2
黑面糊	黄面糊	100	900
	水	8	70
	发粉	0.3	3
	可可粉	5	45
	合计	113.3	1018

二、制作过程

（1）低筋粉、发粉混合过筛；提前开好烤炉，温度为 170～190 ℃（图 2-1-1）。

（2）烤模刷熔化了的奶油，然后沾低筋粉（图 2-1-2）。

（3）糖、油脂、盐用搅拌桨中速搅拌至松发状态（图 2-1-3）。

（4）鸡蛋分次加入，中速搅拌均匀，必要时可以加入适量面粉避免油水分离（图 2-1-4）。

（5）低筋粉、发粉和奶水交替加入，慢速搅拌均匀，此即为黄面糊（图 2-1-5）。

（6）取出黄面糊 900 g，加上可可粉、水、发粉搅拌均匀，即为黑面糊（图 2-1-6）。

（7）把约 1/3 黄面糊作为第一层，抹平。黑面糊作为第二层，剩下的黄面糊作为第三层，分别抹平（图 2-1-7）。

（8）用刀蘸少量黄油将蛋糕表面割口（图 2-1-8）。

（9）入炉烘烤，170～190 ℃烤 25 分钟，后调温至 160～175 ℃，烘烤至熟（图 2-1-9）。

（10）出炉后，出模冷却（图 2-1-10）。

 任务评价

魔鬼蛋糕是用大量的黄油经过搅打膨松，再加入鸡蛋和面粉制成的一种蛋糕。因为它不是通过打发蛋液来增加蛋糕组织的松软，所以口感上会比其他两类蛋糕来得实一些。由于蛋糕中含有较大量的油脂，所以口感比较油腻。从中间切开后可以看见清晰的黑色鬼脸曲线（图 2-1-11）。

图 2-1-1　　　　　　　　图 2-1-2　　　　　　　　图 2-1-3

图 2-1-4　　　　　　　　图 2-1-5　　　　　　　　图 2-1-6

图 2-1-7　　　　　　　　图 2-1-8　　　　　　　　图 2-1-9

图 2-1-10　　　　　　　　　　　　图 2-1-11

相关知识:魔
鬼图案的形
成原理

视频:葡萄干
蛋糕

任务二　葡萄干蛋糕

任务描述

　　了解葡萄干蛋糕的特点、在制作过程中需要的原料以及各种原料对产品品质的影响,并且熟练掌握制作过程中的操作要点,产品制作完成后能够进行品质分析。

任务导入

　　葡萄干蛋糕属于面糊类蛋糕,油脂含量较高,具有浓郁的奶油香味,口感细腻绵软,但略显油腻,为了缓解油腻的口感,在配方中可以加入适量的果干调节口味。本次任务学习葡萄干蛋糕的制作过程。

 任务目标

能够制作出外形精美、质量合格的葡萄干蛋糕。

任务实施

一、制作配方

原料	烘焙百分比/(%)	重量/克
高筋粉	25	200
低筋粉	75	600
奶油	67	536
全蛋	100	800
糖	83	664
发粉	1.5	12
葡萄干	40	320
总计	391.5	3132

二、制作过程

(1) 面粉、发粉混合过筛;提前开好烤炉,温度为 170～190 ℃(图 2-1-12)。

(2) 烤模刷熔化了的奶油,然后沾高筋粉(图 2-1-13)。

(3) 糖、盐等用搅拌桨中速搅拌至松发状态(图 2-1-14)。

(4) 鸡蛋分次加入,中速搅拌均匀,必要时可以加入适量面粉避免油水分离(图 2-1-15)。

(5) 面粉、发粉等交替加入,慢速搅拌均匀,此即为黄面糊(图 2-1-16)。

(6) 葡萄干蘸少量面粉后加入面糊中,慢速搅拌均匀(图 2-1-17)。

(7) 装模,大约七成满,表面撒上杏仁片(图 2-1-18)。

(8) 用刀蘸少量黄油在蛋糕表面割口(图 2-1-19)。

(9) 入炉烘烤,170～190 ℃,25 分钟,后调温至 160～175 ℃,烘烤至熟(图 2-1-20)。

(10) 出炉后,出模冷却(图 2-1-21)。

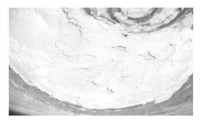

图 2-1-12　　　　　　　　　　图 2-1-13　　　　　　　　　　图 2-1-14

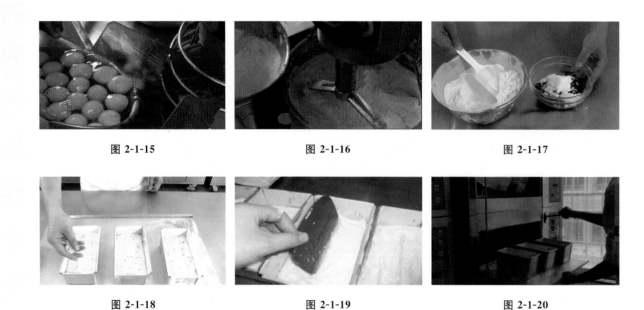

图 2-1-15　　　　　　　　　　图 2-1-16　　　　　　　　　　图 2-1-17

图 2-1-18　　　　　　　　　　图 2-1-19　　　　　　　　　　图 2-1-20

任务评价

制作时使用的葡萄干需要提前用朗姆酒浸泡,产品应具有浓厚的奶油味道和酒香味,质地紧密,口感柔软(图 2-1-22)。

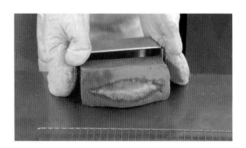

图 2-1-21

图 2-1-22

注意事项

一、葡萄干的预处理

由于葡萄干蛋糕油脂含量较高,但略显油腻,为了缓解油腻的口感,在配方中可以加入适量的葡萄干进行口味调节。葡萄干在使用之前,为了能够更好地烘托奶油和果干的香味,需要提前将葡萄干用朗姆酒进行隔夜浸泡,这样可以使蛋糕中各种味道进行很好的融合。

二、葡萄干蛋糕中高筋粉的作用

葡萄干蛋糕添加的葡萄干比面糊重量要大,因此很容易引起沉底。加入高筋粉以后可以增加蛋糕面糊的比重,而且还可以利用高筋粉形成的黏性将葡萄干均匀地黏在蛋糕的各个部分。

视频：巧克力
花生杯蛋糕

任务三　巧克力花生杯蛋糕

任务描述

　　了解巧克力花生杯蛋糕的特点、在制作过程中需要的原料以及各种原料对产品品质的影响，并且熟练掌握制作过程中的操作要点，产品制作完成后能够进行品质分析。

任务导入

　　巧克力花生杯蛋糕属于面糊类蛋糕，但配方中油脂含量较低，需要使用发粉或者小苏打来帮助蛋糕膨发，因此产品结构组织略显粗糙。本次任务学习巧克力花生杯蛋糕的制作过程。

任务目标

　　能够制作出外形精美、质量合格的巧克力花生杯蛋糕。

任务实施

一、制作配方

原料	烘焙百分比/（％）	重量/克
低筋粉	100	350
糖	110	385
盐	1	3.5
奶油	50	175
鸡蛋	65	227.5
奶水	53	185.5
发粉	2	7
可可粉	10	35
花生碎	20	70
总计	411	1438.5

二、制作过程

（1）提前把面粉、发粉、可可粉混合过筛（图 2-1-23）。

（2）烤模内垫上一次性纸杯备用（图 2-1-24）。

（3）糖、奶油、盐用搅拌桨中速搅拌至松发状态（图 2-1-25）。

（4）鸡蛋分次加入，中速搅拌均匀，必要时可以加入适量面粉避免油水分离（图 2-1-26）。

（5）面粉、发粉、可可粉混合后和奶水交替加入，慢速搅拌均匀，此即为黄面糊（图 2-1-27）。

（6）花生烤香碾碎，加入拌匀，留出部分较大颗粒（图 2-1-28）。

（7）面糊装入纸杯七成满，表面撒上大颗粒的花生（图 2-1-29）。

（8）入炉烘烤，180～190 ℃，约 20 分钟，出炉，冷却（图 2-1-30）。

→ **任务评价**

具有浓郁的奶油味和可可粉的香味，花生香脆，组织相对重油类蛋糕来说，组织比较粗糙（图 2-1-31）。

| 图 2-1-23 | 图 2-1-24 | 图 2-1-25 |

| 图 2-1-26 | 图 2-1-27 | 图 2-1-28 |

| 图 2-1-29 | 图 2-1-30 | 图 2-1-31 |

→ **项目小结**

本项目主要讲解的是面糊类蛋糕，列举了三款产品魔鬼蛋糕、葡萄干蛋糕、巧克力花生杯蛋糕的制作配方及制作过程。对面糊类蛋糕的原料面粉、油脂、鸡蛋、糖的选择进行了解析，同时对面糊的搅拌、面糊类蛋糕糊比重测定、面糊类蛋糕的烘烤、面糊类蛋糕成熟的判断及冷却等操作要点进行了分析。

项目二

乳沫类蛋糕

蛋糕大讲坛:
乳沫类蛋糕
的制作

2-2-0

项目描述

　　乳沫类蛋糕,是将鸡蛋进行打发,并运用面糊充气的原理制作出来的一款蛋糕,结构组织蓬松柔软,内部组织有很多细小孔洞,类似海绵。根据使用全蛋或者蛋白,可分为海绵蛋糕和天使蛋糕两类。如果制作过程中使用全蛋,则属于海绵蛋糕;如果制作过程中只使用了蛋白,则属于天使蛋糕。

项目目标

　　学习各种乳沫类蛋糕的制作,包括原料的运用,制作过程的操作要点,了解成品的特点。

任务一　瑞士蛋糕卷　🖥

视频:瑞士蛋
糕卷

➡ 任务描述

　　了解瑞士蛋糕卷的特点、在制作过程中需要的原料以及各种原料对产品品质的影响,并且熟练掌握制作过程中的操作要点,产品制作完成后能够进行品质分析。

➡ 任务导入

　　瑞士蛋糕卷属于海绵蛋糕,主要依靠鸡蛋中的蛋白有效地进行充气,在烘烤中使蛋糕体积增加,不需要依赖发粉的使用,而且制作过程中不使用任何固体油脂,只是通过添加液体油脂来降低蛋糕的韧性。本任务学习瑞士蛋糕卷的制作过程,本任务使用的是直接搅拌的方法,在制作过程中需要使用蛋糕油。

➡ 任务目标

　　能够制作出外形精美、质量合格的瑞士蛋糕卷。

任务实施

一、制作配方

原料	烘焙百分比/（%）	重量/克
低筋粉	100	400
糖	100	400
盐	1	4
鸡蛋	250	1000
牛奶	10	40
蛋糕油	6	24
色拉油	25	100
总计	492	1968

二、制作过程

（1）提前把面粉过筛，提前开好烤炉（图2-2-1）。

（2）烤盘底部刷油，将白纸四角割口后垫盘（图2-2-2）。

（3）将鸡蛋、糖、盐、牛奶、蛋糕油用搅拌球慢速搅拌至糖熔化，再加入面粉，中高速至面糊湿性起泡（图2-2-3）。

（4）慢速搅拌，排气，同时慢慢加入色拉油，搅拌均匀即可（图2-2-4）。

（5）用手刮搅拌缸的底部，将面糊搅拌几次，然后倒入烤盘内，大约六成满（图2-2-5）。

（6）入炉烘烤，150～170 ℃，按压或牙签判断成熟度（图2-2-6）。

（7）出炉后迅速冷却，在底部涂果酱，然后卷起（图2-2-7）。

（8）卷起成为蛋糕卷（图2-2-8）。

图 2-2-1

图 2-2-2

图 2-2-3

图 2-2-4

图 2-2-5

图 2-2-6

任务评价

瑞士蛋糕卷表皮呈金黄色,深浅均匀,无大气泡,表面光滑,内部结构组织细腻均匀,体积大小适中,蛋卷紧密结实,无破裂(图2-2-9)。

图 2-2-7

图 2-2-8

图 2-2-9

注意事项

瑞士蛋糕卷在制作过程中最容易出现的质量问题是油脂沉底的现象,导致蛋糕底部有一层油层。为了避免这个现象发生,首先在制作过程中要添加蛋糕油这种乳化剂,同时保证鸡蛋的温度,从而保证鸡蛋打发至湿性起泡,最后色拉油在加入前要预热至40~50 ℃。

任务二 葱花肉松咸蛋卷

任务描述

了解葱花肉松咸蛋卷的特点、在制作过程中需要的原料以及各种原料对产品品质的影响,并且熟练掌握制作过程中的操作要点,产品制作完成后能够进行品质分析。

任务导入

葱花肉松咸蛋卷也属于海绵蛋糕,但制作过程中采用的是糖蛋拌和的方法,即先将鸡蛋和糖混合进行打发充气,不需要使用蛋糕油。本任务学习葱花肉松咸蛋卷的制作过程。

任务目标

能够采用糖蛋拌和的方法制作出外形精美、质量合格的葱花肉松咸蛋卷。

任务实施

一、制作配方

原料	烘焙百分比/（%）	重量/克
低筋粉	100	550

83

原料	烘焙百分比/(%)	重量/克
糖	100	550
盐	3	16.5
发粉	2	11
蛋黄	60	330
鸡蛋	160	880
牛奶	15	82.5
色拉油	20	110
总计	460	2530

注:仅列主要原料。

二、制作过程

(1) 提前把面粉过筛,提前开好烤炉(图 2-2-10)。

(2) 烤盘底部刷油,将白纸四角割口后垫盘(图 2-2-11)。

(3) 将鸡蛋、蛋黄、糖、盐加入搅拌缸,用搅拌球中、高速搅拌至面糊湿性起泡(图 2-2-12)。

(4) 慢速拌入面粉、发粉;慢速拌入牛奶(图 2-2-13)。

(5) 慢速拌入色拉油(图 2-2-14)。

(6) 用手刮搅拌缸的底部,将面糊搅拌几次,然后倒入烤盘内,大约六成满(图 2-2-15)。

图 2-2-10

图 2-2-11

图 2-2-12

图 2-2-13

图 2-2-14

图 2-2-15

(7) 表面撒葱花、肉松(图 2-2-16)。

(8) 入炉烘烤,170~180 ℃,约 25 分钟;出炉后迅速冷却(图 2-2-17)。

(9) 在底部涂果酱,然后卷起(图 2-2-18)。

(10) 可切成小块,进行装饰(图 2-2-19)。

→ **任务评价**

葱花肉松咸蛋卷因为采用的是糖蛋拌和的方法,所以具有浓厚的鸡蛋、葱花和肉松的香味,使用了沙拉酱融合各种滋味,但保质期较短(图 2-2-20)。

图 2-2-16

图 2-2-17

图 2-2-18

图 2-2-19

图 2-2-20

注意事项

　　采用传统的糖蛋拌和法制作的蛋糕韧性较大,在卷制过程中容易出现断裂,因此在制作过程中添加的适量的蛋黄,增加蛋糕的柔软性。同时糖蛋拌合法无需使用乳化剂,所以结构组织会略显粗糙,但具有很浓郁的蛋香味道,口感湿润。

任务三　天使蛋糕

视频:天使蛋糕

任务描述

　　了解天使蛋糕的特点、在制作过程中需要的原料以及各种原料对产品品质的影响,并且熟练掌握制作过程中的操作要点,产品制作完成后能够进行品质分析。

任务导入

　　天使蛋糕是一种单纯使用蛋白进行制作的乳沫类蛋糕,并且烘烤温度低,因此产品内部组织的颜色是白色的,外表装饰也是多用白色的鲜奶油或糖霜,整个蛋糕洁白似雪,如同纯洁的天使化身。

任务目标

　　能够制作出外形精美、质量合格的天使蛋糕。

任务实施

一、制作配方

原料	烘焙百分比/（%）	重量/克
低筋粉	100	150
蛋白	200	300
盐	1	1.5
糖	100	150
塔塔粉	2	3
合计	403	604.5

注：仅列主要原料。

二、制作过程

（1）提前把面粉过筛，提前开烤炉（图2-2-21）。

（2）天使模具不用刷油（图2-2-22）。

（3）将蛋白、塔塔粉、糖、盐、香兰油，中速搅拌至干性起泡（图2-2-23）。

（4）慢速拌入低筋粉（图2-2-24）。

（5）把面糊装入模具，约七成满（图2-2-25）。

（6）隔水入炉烘烤（图2-2-26）。

（7）下火150 ℃、上火170 ℃，约30分钟（图2-2-27）。

（8）出炉，马上脱模冷却（图2-2-28）。

图 2-2-21

图 2-2-23

图 2-2-23

图 2-2-24

图 2-2-25

图 2-2-26

 任务评价

　　天使蛋糕在制作过程中只使用了蛋白，而且烘烤过程采用的是低温烘烤，因此蛋白表面和内部都呈现出洁白的颜色,组织细密均匀,口感细腻。

天使蛋糕的烘烤:天使蛋糕成品外表要求为白色。烘烤天使蛋糕的温度一般用上火 170 ℃、下火 150 ℃。在这个温度区间烤出来的天使蛋糕体积大、内部组织细密具有弹性,水分适宜,切片后蛋糕呈现出洁白的光泽。唯一缺点是顶部会有龟裂现象,但天使蛋糕在出售时都是翻转过来的,即原来顶部变成底部,故不会影响外观(图 2-2-29)。

图 2-2-27　　　　　　　　　　　图 2-2-28　　　　　　　　　　　图 2-2-29

 项目小结

本项目主要讲解的是乳沫类蛋糕,列举了三款产品瑞士蛋糕卷、葱花肉松咸蛋卷、天使蛋糕的制作配方及制作过程。对乳沫类蛋糕的原料水分、乳制品、盐、乳化剂的选择进行了解析,同时对海绵蛋糕的配方平衡、乳沫类蛋糕的搅拌、海绵蛋糕的烘烤、天使蛋糕的烘烤等操作要点进行了分析。

项目三

戚风蛋糕

蛋糕大讲坛：
戚风蛋糕的
制作

2-3-0

项目描述

　　戚风蛋糕是融合了面糊类蛋糕和乳沫类蛋糕的做法而做成的一类蛋糕。戚风是英文 chiffon 的音译,原意是雪纺丝绸的意思,戚风蛋糕是指蛋糕的质地像雪纺丝绸一样蓬松、柔软、富有弹性。戚风蛋糕口味清淡、水分充足而且保存过程中不易干燥。吃时淋酱汁。另外,戚风蛋糕还可做成各种蛋糕卷、波士顿派等。

项目目标

　　学习各种戚风蛋糕的制作,包括原料的运用,制作过程的操作要点,了解成品的特点。

视频:戚风蛋
糕卷

任务一　戚风蛋糕卷 💻

➡ 任务描述

　　了解戚风蛋糕卷的特点、在制作过程中需要的原料以及各种原料对产品品质的影响,并且熟练掌握制作过程中的操作要点,产品制作完成后能够进行品质分析。

➡ 任务导入

　　戚风蛋糕综合了面糊类蛋糕和乳沫类蛋糕的面糊特征,其组织和颗粒与乳沫类蛋糕有所不同。戚风蛋糕的质地非常轻,组织松软、水分充足、久存不易干燥、气味芬芳、口味清淡。在制作过程中需要把鸡蛋清打成泡沫状,来提供足够的空气以支撑蛋糕的体积,然后再与加了蛋黄的面糊混合。戚风蛋糕带有弹性,无软烂的感觉。本任务学习戚风蛋糕卷的制作过程。

➡ 任务目标

　　能够制作出外形精美、质量合格的戚风蛋糕卷蛋糕。

88

任务实施

一、制作配方

	原料	烘焙百分比/（%）	重量/克
面糊部分	低筋粉	100	600
	发粉	3	18
	糖	40	240
	盐	1	6
	蛋黄	100	600
	奶水	43	258
	色拉油	50	300
蛋白部分	蛋白	200	1200
	糖	100	600
	塔塔粉	1.5	9
总计		638.5	3831

二、制作过程

（1）将塔塔粉和蛋白放入干净、无油脂的搅拌缸内中速搅拌（图 2-3-1）。

（2）将蛋白和塔塔粉打发至湿性起泡后加入糖，继续搅拌（图 2-3-2）。

（3）中速搅拌蛋白至干性起泡即可（图 2-3-3）。

（4）将面粉、糖、发粉、盐混合均匀，再加入蛋黄、奶水、色拉油进行搅拌（图 2-3-4）。

（5）将所有原料搅拌均匀、光滑即可（图 2-3-5）。

（6）取打发好的三分之一蛋白加到面糊中搅拌均匀，再倒回剩余的蛋白中，搅拌均匀即可（图 2-3-6）。

（7）将过筛纸剪口垫入烤盘中（图 2-3-7）。

（8）装模，大约六成满（图 2-3-8）。

（9）入炉烘烤，160～180 ℃，大约 30 分钟（图 2-3-9）。

（10）出炉，冷却至室温，抹果酱后卷起（图 2-3-10）。

图 2-3-1

图 2-3-2

图 2-3-3

图 2-3-4　　　　　　　　　图 2-3-5　　　　　　　　　图 2-3-6

图 2-3-7　　　　　　　　　图 2-3-8　　　　　　　　　图 2-3-9

任务评价

戚风蛋糕卷表皮光滑细腻,没有气泡,质地非常轻,组织松软,水分充足(图 2-3-11)。

图 2-3-10

图 2-3-11

注意事项

❶ 蛋白搅拌时应注意以下两点

(1) 应选择搅拌球进行搅拌,并且要把搅拌缸、搅拌器清洁干净,无油迹。

(2) 控制蛋白温度为 17～22 ℃,并且要求蛋要新鲜,蛋白内不能混有蛋黄,更不能混有油脂。

❷ 蛋白打发终点的判断　戚风蛋糕制作时,蛋白应该打发到干性起泡。蛋白打至干性起泡时无法看出起泡组织,颜色雪白而无光泽,用手指勾起时呈鸡尾状或坚硬的尖锋,即使将此尖锋倒置也不会弯曲,说明已经达到干性起泡。蛋白打发后比重为 0.175～0.25。

任务二　戚风香枕蛋糕

任务描述

了解戚风香枕蛋糕的特点、在制作过程中需要的原料以及各种原料对产品品质的影响,并且熟练掌握制作过程中的操作要点,产品制作完成后能够进行品质分析。

任务导入

戚风香枕蛋糕的质地非常轻,结构组织松软,极富有弹性,而且蛋糕水分含量充足,无软烂的口感,口味清淡。本任务学习分蛋拌和的搅拌方法,制作戚风香枕蛋糕。

任务目标

能够制作出一款外形不收缩、颜色均匀、有弹性、组织松软细腻的戚风香枕蛋糕。

任务实施

一、制作配方

	原料	烘焙百分比/(%)	重量/克
面糊部分	低筋粉	100	650
	发粉	3	19.5
	糖	30	195
	盐	2	13
	蛋黄	54	351
	奶水	40	260
	色拉油	32	208
蛋白部分	蛋白	130	845
	糖	73	474.5
	塔塔粉	1.2	7.8
总计		465.2	3023.8

二、制作过程

(1) 将塔塔粉和蛋白放入干净、无油脂的搅拌缸中中速搅拌(图 2-3-12)。

(2) 将蛋白和塔塔粉打发至湿性起泡后加入糖,继续搅拌(图 2-3-13)。

(3) 中速搅拌蛋白至干性起泡即可(图 2-3-14)。

(4) 将面粉、糖、发粉、盐混合均匀,再加入蛋黄、奶水、色拉油进行搅拌(图 2-3-15)。

(5) 将所有原料搅拌均匀、光滑即可(图 2-3-16)。

（6）取打发好的三分之一蛋白加入面糊中，搅拌均匀，再倒回剩余的蛋白中，搅拌均匀即可（图2-3-17）。

（7）装入干净的方包模具中，大约六成满（图2-3-18）。

（8）入炉烘烤，160～180 ℃，中间割口，大约30分钟。出炉冷却即可（图2-3-19）。

→ 任务评价

戚风香枕蛋糕表皮光滑，不收腰，弹性好，组织松软细腻，有弹性，水分含量高（图2-3-20）。

图 2-3-12

图 2-3-13

图 2-3-14

图 2-3-15

图 2-3-16

图 2-3-17

图 2-3-18

图 2-3-19

图 2-3-20

→ 注意事项

戚风香枕蛋糕很容易出现腰部收缩，底部凹陷下去的现象。主要原因包括以下几点。

（1）蛋白的干性起泡过度。

（2）面粉筋力太强，面糊搅拌不均匀。

（3）发粉用量不足，或者发粉失效。

（4）烘烤不足（火力不足，不匀，内部未烤透）。

（5）面糊搅拌过久，出面筋，或者面糊搅拌不均匀（顺序搞错）。

（6）烘烤过程受到震动。

（7）配方水分偏多，柔性材料偏多。

视频：戚风芝士蛋糕

任务三　戚风芝士蛋糕

任务描述

　　了解戚风芝士蛋糕的特点、在制作过程中需要的原料以及各种原料对产品品质的影响，并且熟练掌握制作过程中的操作要点，产品制作完成后能够进行品质分析。

任务导入

　　戚风芝士蛋糕在制作过程中加入了奶酪，并且隔水低温烘烤，属于轻芝士蛋糕。产品不仅结构组织细腻松软，而且具有浓厚的奶酪味道。

任务目标

　　能够制作出表面光滑、组织细腻、结构松软、具有浓厚奶酪味道的芝士蛋糕。

任务实施

一、制作配方

	原料	烘焙百分比/（%）	重量/克
面糊部分	低筋粉	62.5	100
	粟粉	37.5	60
	蛋黄	87.5	140
	奶酪	156	250
	牛奶	125	200
	色拉油	62.5	100
蛋白部分	蛋白	187.5	300
	糖	100	160
	塔塔粉	2.5	4
总计		821	1314

二、制作过程

（1）将塔塔粉和蛋白放入干净、无油脂的搅拌缸中中速搅拌（图2-3-21）。

（2）将蛋白和塔塔粉打发至湿性起泡后加入糖，继续搅拌（图 2-3-22）。

（3）中速搅拌蛋白至干性起泡即可（图 2-3-23）。

（4）将奶酪、牛奶、色拉油隔水加热到 60 ℃ 熔化，搅拌均匀（图 2-3-24）。

（5）加入蛋黄搅拌均匀（图 2-3-25）。

（6）再加入面粉、粟粉搅拌成光滑面糊即可（图 2-3-26）。

（7）取 1/3 蛋白糊加入面糊拌匀，再倒回到剩余的蛋白糊中，搅拌至均匀细滑（图 2-3-27）。

（8）将模具扫油、垫油纸（图 2-3-28）。

（9）装模，大约六成满；隔水烘烤，140～160 ℃，约 80 分钟（图 2-3-29）。

（10）出炉，冷却后脱模（图 2-3-30）。

→ 任务评价

戚风芝士蛋糕表面光滑，不收腰，组织均匀、结构松软、细腻，芝士味道浓郁。

蛋黄面糊和蛋白部分要想混合得均匀，蛋白必须搅拌到干性起泡，蛋黄面糊搅拌到光滑无颗粒才能混合均匀。有时两种面糊混合时蛋白呈现一团团像棉花似的圆球，与面糊部分原料一起搅拌时不易拌散，此即为蛋白部分在搅拌时打得太发，超过了干性起泡的程度，到达了棉花状态，一团团的蛋白夹在面糊中间很难弄碎，烤好后的蛋糕组织中就会存在这种生蛋白，影响蛋糕品质（图 2-3-31）。

图 2-3-21

图 2-3-22

图 2-3-23

图 2-3-24

图 2-3-25

图 2-3-26

图 2-3-27

图 2-3-28

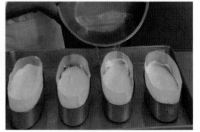

图 2-3-29

图 2-3-30

图 2-3-31

项目小结

　　本项目列举了三款戚风蛋糕产品,即戚风蛋糕卷、戚风香枕蛋糕、戚风芝士蛋糕的制作配方及制作过程。对戚风蛋糕的原料膨松剂、可可粉、塔塔粉的选择进行了解析,同时对戚风蛋糕的搅拌、面糊比重的测定、面糊温度的测定、蛋糕的烘烤、蛋糕的配方平衡等操作要点进行了分析。

模块二
同步测试

模块三

西点制作

西点概述

西点是"西式点心"或"西方点心"的简称,主要指发源于欧美等西方国家的点心,流传至全球各地后,受饮食习惯、地域物产等影响,演变出了不同的加工工艺和原料组合,但其基本工艺和原料组成却始终保持不变。

西点是以面粉、糖、油脂、鸡蛋和乳品为原料,辅以干鲜果品和调味料,经过调制成形、装饰等工艺制成的具有一定色、香、味、形、质的营养食品。西点制作在西方通常被称为"烘焙",产品涉及面较广,不仅是西餐的重要组成部分,而且是一种庞大的食品加工行业,成为西方食品工业支柱产业之一。

广而言之,西式点心是一个较为宽泛的概念,主要包括混酥类、清酥类、面包类、蛋糕类、泡芙类、冷点类和其他类。在本模块中,西点主要指西式点心中的混酥类、清酥类和泡芙类。

一、西点的特点

(一)用料讲究,营养价值较高

无论是什么点心品种,其面坯、馅心、装饰、点缀等用料均有各自选择标准,原料之间也有较为严格的比例,操作中要求定量准确,否则成品差异较大。

西点多以糖类、油脂、面粉、乳品、蛋品、干鲜水果等为常用原料,其中蛋、糖、油脂的比例较大,配料中干果、鲜果、果仁、巧克力等用量大,这些原料含有丰富的蛋白质、脂肪、糖、维生素等营养成分,营养素较为全面,因此西点具有较高的营养价值。

(二)工艺性强,成品精美

西点的制作工序繁杂,注重火候,对工具和设备的要求较高,操作技法多,如按、捏、揉、搓、切、割、抹、裱、擀、卷、编、挂等。精湛的工艺使得产品造型美观多样,从造型到装饰,每个图案和线条,都清晰可辨,简洁明快,赏心悦目,让消费者领会制作者的创作意图,给人以美的享受。

(三)口味多样化,甜咸酥松

西点不仅营养丰富,造型美观,而且还具有品种变化多、应用范围广、口味多样、口感甜咸酥松等特点。无论冷食还是热食,甜点心还是咸点心,都具有味觉清新的特点。无论是主料的本味还是辅料的赋味,都要求主题明确,产品达意。

二、西点的分类

(一)混酥类

混酥类是以黄油、面粉、糖等为主要原料,添加鸡蛋、乳品、香精等辅料调制成面坯的基础上,以擀制、成形、成熟、装饰等工艺而制成的酥而无层的点心。混酥类点心有的要求疏松度高,入口甜酥;有的要求脆硬,含水量低,外形保持性好;有的要求组织绵软,适口感强。

混酥类点心主要包括酥性饼干、韧性饼干、蛋白饼干、曲奇、派、塔等。此类点心的面坯有甜味和咸味之分,是西点中常用的基础面坯。在此基础上,可用鲜奶油、巧克力、果酱、果仁、鲜果、干果等予以装饰或填馅。在加工过程中,可以纯手工制作,也可以用各类工具和模具予以辅助,达到造型多样的目的。

(二)清酥类

清酥类习惯上被称为"松饼",是以水调面坯、油酥面坯互为表里,经反复擀叠(必要时冷冻)制成千层酥面,熟制后层次清晰、质地松酥的点心。清酥类点心大都是以千层酥面为基础,然后进行包馅、填馅,最后成熟。也有部分品种先成熟,然后再填馅、装饰。此类点心口味和造型多样,在西点中十分常见。

（三）泡芙类

泡芙又称为"气鼓""哈斗",是以黄油、牛奶、面粉、鸡蛋为主料,经煮沸、烫面、搅拌、烘烤、成形、填馅、装饰等工序制成的组织中空的一类点心。泡芙点心具有色泽金黄,体积膨胀,内部空心,外皮松脆的特点,外形有圆形、长条形、动物造型等。泡芙本身无味,主要依靠馅心或装饰料来调味。

三、西点的发展趋势

随着大众消费水平的提高,高油高糖的西点逐渐受到消费者的排斥,回归自然,追求健康的理念深入人心,富含蛋白质、膳食纤维、矿物质和维生素的健康食品成为人们的新追求。研发新型原材料,改进加工工艺,提高产品品质,为消费者提供更健康更科学的食品,是当下西点师需要解决的问题。

西点大讲坛：
松饼的工艺
流程及制作
要点

3-1-0

项目一

松饼的制作

项目目标

　　学习松饼类西点的制作。

视频：酥皮的
制作

任务一　酥皮的制作　🖥

→ 任务描述

　　酥皮因层次丰富、质地疏松，又被称为千层酥皮。千变万化的各类松饼都是以酥皮面团为基础，采用不同的成形和装饰手法制作而成。酥皮面团主要由水油皮面和油酥两部分组成，以水油皮面包裹油酥，经过反复擀叠，使皮面和油酥形成交替排列的多层结构，烘烤之后可达到色泽金黄、质地疏松、层次分明、甜酥爽口的效果。

→ 任务导入

　　酥皮制作是松饼类产品的基础，是制作其他类松饼的前提。熟练制作酥皮是松饼类产品制作成功与否的关键，本任务学习酥皮的制作过程。

→ 任务目标

　　学习酥皮的制作。

任务实施

一、制作配方

① 皮面

原料	烘焙百分比/(%)	重量/克
中筋粉	100	300
黄油	10	30
鸡蛋	17	50
糖粉	10	30
盐	0.7	2
水	50	150

② 油酥

原料	烘焙百分比/(%)	重量/克
固体酥油	60	180

③ 辅料 全蛋液、白砂糖。

二、制作过程

酥皮的制作分两个步骤进行,分别是皮面的制作和包酥擀制。

(一)皮面的制作

(1)按皮面配方准确称料,黄油搓至软化,加入盐和糖粉,拌匀,使黄油和糖粉充分融合,全蛋打散,分次加入。每加一次,需油蛋融合完全后再加下一次,直至蛋液完全添加完毕,形成均匀的糖油蛋糊(图3-1-1,图3-1-2)。

(2)将水分次加入糖油蛋糊中,每加一次,搅拌一次,直至水油完全结合,形成组织细腻的水油状流体,拌入面粉,揉搓成光滑的面团,保鲜膜包裹,饧面20分钟(图3-1-3,图3-1-4)。

(二)包酥擀制

(1)将固体酥油按压软化,整理成长方形。皮面(步骤一)擀制成中间厚、两边薄的长方形,面积为固体酥油的3倍。将固体酥油放在面片中央较厚处,两边皮面向中间折入,包裹固体酥油,两端按压收口(图3-1-5,图3-1-6)。

(2)将酥面擀开,呈长方形,以四折法(×4)折成四层,盖保鲜膜,饧面15分钟(图3-1-7,图3-1-8)。

(3)将酥面继续擀制,呈长方形,以三折法(×3)折叠,饧面15分钟(图3-1-9,图3-1-10)。

(4)酥面继续擀制成长方形,再次以三折法(×3)折叠,完成4×3×3次擀叠。饧面15分钟后,将酥面擀制成厚0.4厘米厚面片,裁边露出酥层(图3-1-11,图3-1-12)。

 任务评价

千层酥皮具有层次清晰、厚薄均匀、层数繁多的特点,烘烤后表面呈金黄色,大小一致,色泽均匀,形态端正,组织疏松,咸甜适中,具有纯正的黄油香味(图3-1-13)。

图 3-1-1   图 3-1-2   图 3-1-3

图 3-1-4   图 3-1-5   图 3-1-6

图 3-1-7   图 3-1-8   图 3-1-9

图 3-1-10   图 3-1-11   图 3-1-12

注意事项

（1）皮面制作应选用蛋白质含量在 8%～12% 的中筋粉。筋力过低的面粉容易层次不清,膨发较差;筋力过强会导致揉面困难,饧面时间延长。

（2）油酥应选用熔点较高的油脂。熔点低的油脂在折叠过程中,容易软化渗出,影响成品起酥效果。

（3）皮面中的黄油、糖粉、蛋液、水要充分混合均匀，防止油蛋分离。

（4）油酥应与皮面的软硬一致，两者硬度相差较大会出现油脂分布不均匀或擀叠漏油现象。若环境气温较高，中间饧面应在冰箱冷藏层进行。

（5）擀制酥面时，用力方向是向前推，不可向下压，避免油脂挤出。

（6）在切割酥皮面时，应使用较为锋利的刀具，以避免破坏面团的层次。

图 3-1-13

（7）酥皮面在擀叠过程中，中间饧面时间以 10～15 分钟为宜。时间过短，面团饧制不到位，面团弹性大，擀制困难；醒面时间过长，油酥渗入皮面中，导致后期烘烤膨发不够，影响产品的品质。

视频：蝴蝶酥的制作

任务二　蝴蝶酥的制作 🖥

➡ 任务描述

蝴蝶酥是以酥皮为基础，因烘烤成熟后形如蝴蝶，故名蝴蝶酥。蝴蝶酥是一款流行于德国、西班牙、法国等国家的经典西式甜点，行业内普遍认为是法国人在 20 世纪早期发明了这款西点。因其外形又似棕榈树叶、大象耳朵、眼镜等，不同国家对其叫法也就各不相同。在中国因其外形似蝴蝶展翅，因此被称作蝴蝶酥。蝴蝶酥色泽金黄，口感松脆，香酥可口，又因馅心的变化多样，而表现出不同的口味风格。

➡ 任务导入

蝴蝶酥在我国的制作历史较为悠久，现在已经成为一种常见西式点心。制作时以酥皮为基础，进行简单加工，卷入不同馅心，可以得到不同的花色、外观和口感，演变出丰富多彩的各类蝴蝶酥产品。本任务是在任务一的基础上，进一步对酥皮进行加工，通过学习巩固酥皮制作工艺，拓展酥皮的使用范围，掌握新品种。

➡ 任务目标

学习蝴蝶酥的制作。

➡ 任务实施

一、制作配方

❶ 酥皮面

原料	烘焙百分比/（%）	重量/克
中筋粉	100	300

续表

原料	烘焙百分比/(%)	重量/克
黄油	10	30
鸡蛋	17	50
糖粉	10	30
食盐	0.7	2
水	50	150

❷ 油酥

原料	烘焙百分比/(%)	重量/克
固体酥油	40	120

❸ 馅料

原料	烘焙百分比/(%)	重量/克
白砂糖	100	少许
全蛋液	100	少许

二、制作过程

蝴蝶酥的制作可分为酥皮的制作、填馅成形、切配烘烤等步骤。

（一）酥皮的制作

制作过程参考任务一。

（二）填馅成形

（1）酥皮面擀至厚约0.3厘米，裁边，整理成长约25厘米，宽约20厘米的长方形面片，刷全蛋液，均匀撒上一层白砂糖（图3-1-14，图3-1-15）。

（2）将酥皮面两端向中心轻轻卷制，两端对称，呈对眼状，两部分上下重叠，轻按固定，呈条状面棒（图3-1-16，图3-1-17）。

（三）切配烘烤

（1）用保鲜膜包裹面棒，入冰箱冷冻层约60分钟，使面团冻至略硬；用锋利刀具将面棒切成厚0.4厘米面剂，即为蝴蝶酥生品（图3-1-18，图3-1-19）。

（2）面剂均匀摆盘，考虑后期膨发，间隔以4～5厘米为宜；烤箱预热上火220 ℃，下火200 ℃，入炉烘烤约13分钟，待表面金黄出炉即可（图3-1-20，图3-1-21）。

▶ 任务评价

蝴蝶酥形似蝴蝶展翅，形态规整，大小均匀，薄厚一致，层次清晰，质地蓬松，口感咸甜，入口酥香，色泽诱人（图3-1-22）。

▶ 注意事项

（1）酥皮面包油率以40％为宜，包油率过高会提高产品酥性，导致成品膨发过大，成形性降低。

（2）酥皮面不宜擀太薄，否则两片酥面连接处容易烤煳。

图 3-1-14

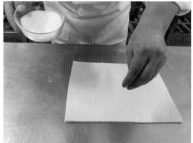
图 3-1-15

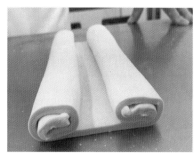
图 3-1-16

图 3-1-17

图 3-1-18

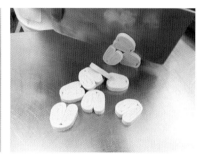
图 3-1-19

图 3-1-20

图 3-1-21

图 3-1-22

（3）蛋液以黏住白砂糖为宜，不可刷太多，以免切配时未凝固蛋液流出，破坏酥层，污染烤盘。

（4）白砂糖应选用较为耐烤的粗砂糖，为烘烤膨发留足空隙，防止变形。

（5）切配刀具锋利，操作手法干脆利落，防止破坏酥层。

（6）摆盘时注意保持间隙，留足空间，以免粘连。

（7）为保证色泽均匀，尽可能满盘烘烤，不留空位，切配厚度、形态大小应一致。

（8）摆盘完成后应及时烘烤，不宜长时间在室温下松弛。如需短时间存放，应冷藏。

任务三 水果酥盒的制作 🖥

视频：水果酥
盒的制作

⇥ 任务描述

水果酥盒也是建立在酥皮的制作基础上，配合较为复杂的成形工艺，填入馅料，达到对酥皮面团深层次应用的目的，使松饼品种更加丰富。通过学习，也使学生能够举一反三，熟练灵活地使用酥皮面团，开发更多的松饼产品。水果酥盒使用天然果酱或新鲜水果为馅心，经烘烤成熟后，达到色泽金黄、层次丰富、质地蓬松、口感甜酥、果香味浓的效果。

任务导入

水果酥盒是典型的松饼产品，是酥皮面坯的深层运用，对制作工艺要求较高，不仅要求学生熟练掌握酥皮面团的制作，而且还要求学生具有产品综合成形能力。

任务目标

学习水果酥盒的制作。

任务实施

一、制作配方

❶ 皮面

原料	烘焙百分比/（%）	重量/克
中筋粉	100	300
黄油	10	30
鸡蛋	17	50
糖粉	10	30
食盐	0.7	2
水	50	150

❷ 油酥

原料	烘焙百分比/（%）	重量/克
固体酥油	30	90

❸ 馅料与装饰

原料	烘焙百分比/（%）	重量/克
全蛋液	100	少许
蓝莓果馅	100	若干

二、制作过程

水果酥盒的制作可分为酥皮的制作、切配成形、填馅烘烤等步骤。

（一）酥皮的制作

（1）制作酥皮一份。（制作过程参考任务一）

（2）酥皮面擀至厚约 0.3 厘米，裁边，用锋利刀具切配成 8 厘米×8 厘米正方形酥皮面片（图 3-1-23，图 3-1-24）。

（二）切配成形

（1）将酥皮面对角折叠，距离两个等腰边缘约 1 厘米处各切一刀，顶部不可切断。切后恢复正方形形状(图 3-1-25,图 3-1-26)。

(2)将两条窄边对角互相穿插折入,轻按固定,成菱形形状。以间隙 4～5 厘米距离摆盘,用软羊毛刷在菱形四条边上均匀刷上蛋液(图 3-1-27,图 3-1-28)。

(三)填馅烘烤

(1)用裱花袋盛装蓝莓果馅,剪小口,沿菱形四边均匀挤注填馅。烤箱预热上火 210 ℃,下火 200 ℃,烘烤约 15 分钟,待边缘金黄色即可出炉(图 3-1-29,图 3-1-30)。

→ 任务评价

水果酥盒外形规整大方,质感强烈,边缘酥层清晰,色泽均匀一致,口感疏松,色彩搭配合理,果馅清香怡人(图 3-1-31)。

图 3-1-23

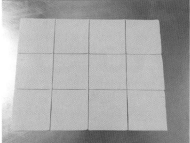

图 3-1-24

图 3-1-25

图 3-1-26

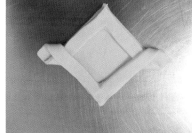

图 3-1-27

图 3-1-28

图 3-1-29

图 3-1-30

图 3-1-31

→ 注意事项

(1)水果酥盒酥皮面包油率不宜过高,以免成品膨发过大,外观较差。

（2）酥皮面不宜擀太厚，否则后期收缩严重，成形困难，且不易成熟，疏松性差。

（3）表面刷蛋液时，应使用软羊毛刷，一次不可刷太厚，避免蛋液滴洒在制品的边缘酥层部分，导致酥层粘连。

（4）切配刀具锋利，操作手法干脆利落，防止破坏酥层。

（5）酥皮面片裁切以 8 厘米×8 厘米较为适宜，过大影响形态美观，过小则不易成形。

（6）摆盘时注意保持间隙，留足空间，以免粘连，影响外形美观。

（7）为保证色泽均匀，尽可能满盘烘烤，不留空位，果馅厚度、外形大小应保持一致。

（8）填馅完成的生品，烘烤前应松弛 20 分钟，以免烘烤时收缩，若环境温度较高，则不宜长时间在室温下松弛。

（9）烘烤过程中，不要随意打开烤箱，以免蒸汽散失，炉温降低，影响制品膨胀。

（10）根据制品大小及质量要求，灵活控制炉温及烘烤时间。

项目二

曲奇的制作

西点大讲坛：
曲奇的分类
及制作要点
3-2-0

项目描述

　　曲奇（饼干）是西式点心的一个大类，也称为曲奇士、小西饼、小饼干等，是一种较高档的饼干，在国外叫法也略有不同，如在法国、英国、德国称为 biscuit，美国称为 cookie，而日本将辅料少的饼干称为 biscuit，把奶油、糖、蛋等辅料多的饼干称为 cookie。

　　曲奇种类繁多，款式多变，口味丰富，成品美观。本项目主要讲授其中最具有代表性的奶油曲奇、双色曲奇、米兰曲奇的制作工艺。

项目目标

　　学习曲奇的制作。

任务一　奶油曲奇的制作　🖥

视频：奶油曲
奇的制作

➡ 任务描述

　　奶油曲奇属于松酥性曲奇，这类曲奇质地松酥，配方中面粉的用量比油脂多，油脂的用量比糖多，糖的用量比水或其他湿性材料多。由于油脂和糖在搅拌时打入了很多空气，面糊非常松软，整形时需用裱花袋挤制。

➡ 任务导入

　　奶油曲奇是常见的曲奇产品，属于松酥性曲奇，这类曲奇质地松酥，无论是在饼店的零售，还是大型餐会的搭配，都很常见。曲奇制作方法简单，可操作性强，在欧美，过节时，为了向爱人和朋友表示心意和尊敬，女孩会亲自烘焙味道诱人的曲奇送给他们。本次任务我们主要学习奶油曲奇的整体制作过程。

➡ 任务目标

　　学习奶油曲奇的制作。

→ 任务实施

一、制作配方

原料	烘焙百分比/(%)	重量/克
低筋粉	100	110
黄油	45.5	50
糖粉	36.4	40
牛奶	31.8	35
盐	1	1
色拉油	31.8	35

二、制作过程

（1）按配方称料备料，将黄油搓至发白软化的状态后加入糖粉，将糖粉搓至熔化。将牛奶加入色拉油，混合均匀备用（图 3-2-1，图 3-2-2）。

（2）将牛奶色拉油液体分次加入起发的黄油中，搓至融合至光滑的状态。将盐加入过筛的低筋粉中，混合均匀（图 3-2-3，图 3-2-4）。

（3）将面粉倒入黄油糊中，用折叠的手法反复按压，将面粉和黄油面糊混合均匀，形成组织均匀的曲奇面团（图 3-2-5，图 3-2-6）。

（4）将奶油曲奇面糊整理成团，用刮板加入已装入大号菊花裱花嘴的裱花袋中。拧紧袋口排气，静置 10 分钟（图 3-2-7，图 3-2-8）。

（5）手持裱花袋以螺旋的方式挤入铺好油纸的烤盘上，每个间距 3.5 厘米。烤炉预热（上火 180 ℃，下火 160 ℃），入炉烘烤 18 分钟，待曲奇边缘上色后即可取出（图 3-2-9，图 3-2-10）。

图 3-2-1

图 3-2-2

图 3-2-3

图 3-2-4

图 3-2-5

图 3-2-6

图 3-2-7　　　　　　　　　　图 3-2-8　　　　　　　　　　图 3-2-9

 任务评价

奶油曲奇颜色金黄,外形美观,口感松酥,甜度适中(图 3-2-11)。

图 3-2-10　　　　　　　　　　　　　　图 3-2-11

 注意事项

(1)口感要求松酥的曲奇应选用低筋粉。

(2)曲奇中的黄油应搓至软化后,再加入糖粉搓熔化,液体类原料需要分次加入使其混合均匀,预防油水分离,影响成品效果。

(3)黄油面糊中拌入面粉时,应采用折叠按压的方式成团,不可揉搓,避免起筋,影响口感。

(4)曲奇成形时应尽可能保持大小均匀,避免上色不均衡或生熟成品。

(5)曲奇之间应保持空隙,不能太密。

(6)若烤炉底火温度高,需多垫一层烤盘,防止曲奇底部颜色太深。

任务二　双色曲奇的制作

任务描述

双色曲奇利用调色粉或调色原料等量替换粉状或液体原料,制作出两种颜色的面糊,颜色对比明显,造型时款式多变且样式美观。这类曲奇的配方中油的用量较多,糖和油的用量比例相当或相同,具有酥脆的特点。

任务导入

双色曲奇为曲奇的一种类型,因表面为两色混合而得名,是一款兼具美味和颜值的下午茶点心,常出现在超市、甜点台和餐会中。这次任务我们主要学习双色曲奇的制作过程,掌握双色曲奇的制作工艺。

任务目标

学习双色曲奇的制作。

任务实施

一、制作配方

❶ 原色面团

原料	烘焙百分比/(%)	重量/克
低筋粉	100	110
黄油	45.5	50
糖粉	36.4	40
牛奶	31.8	35
盐	1	1
色拉油	31.8	35

❷ 可可面团

原料	烘焙百分比/(%)	重量/克
低筋粉	100	100
黄油	50	50
糖粉	40	40
牛奶	35	35
盐	1	1
色拉油	35	35
可可粉	10	10

二、制作过程

双色曲奇的制作可分为原色面团的制作、可可面团的制作、成形与烘烤等步骤。

（一）原色面团的制作

（1）将黄油软化,搓至发白状态后,加入糖粉搓至熔化。将牛奶加入色拉油,混合均匀备用(图3-2-12,图3-2-13)。

（2）将牛奶色拉油液体分次加入起发的黄油中，搓至融合至光滑的状态。加入过筛的低筋粉和盐，用折叠的手法反复按压成团备用（图3-2-14，图3-2-15）。

（二）可可面团的制作

（1）将黄油软化，搓至发白状态后，加入糖粉搓至熔化。将牛奶加入色拉油，混合均匀，分次加入起发的黄油中，搓至融合至光滑的状态。

（2）加入过筛的低筋粉、可可粉和盐，折叠成团备用（图3-2-16，图3-2-17）。

（三）成形与烘烤

（1）将原色面团和可可面团各一半装入裱花袋，排气后静置10分钟左右。

（2）以螺旋方式挤在铺好油纸的烤盘中，每个间隔3.5厘米。烤箱预热（上火180 ℃，下火160 ℃），入炉烘烤18分钟（图3-2-18，3-2-19）。

→ **任务评价**

双色曲奇口感脆、硬，轮廓、线条清晰，颜色对比鲜明，样式美观（图3-2-20）。

图 3-2-12

图 3-2-13

图 3-2-14

图 3-2-15

图 3-2-16

图 3-2-17

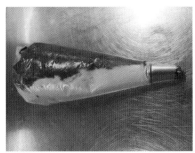

图 3-2-18

图 3-2-19

图 3-2-20

→ 注意事项

（1）双色曲奇的制作关键点与奶油曲奇相同。
（2）双色曲奇颜色可以等量替换成另一种颜色的调味粉，如抹茶粉等。
（3）不同调味粉吸水量不同，加入时应考虑面团的软硬度。

任务三 米兰曲奇的制作

→ 任务描述

米兰曲奇属于组合型曲奇，其本味较淡，在成熟后以特征性较为明显的其他原料对其进行填馅或装饰，以增加口感，改变风味。又因其造型多样，口味多变，能带给消费者不同的食用体验。

→ 任务导入

薄薄的饼干夹着巧克力夹心，口感丰富多变，是下午茶点心常备产品，配上一杯咖啡，深受消费者欢迎。本次任务学习米兰曲奇的制作过程。

→ 任务目标

学习米兰曲奇的制作。

→ 任务实施

一、制作配方

❶ 曲奇饼体

原料	烘焙百分比/（%）	重量/克
低筋粉	100	105
黄油	19	20
糖粉	76.2	80
蛋清	104	110
香草粉	1	1

❷ 夹心

原料	烘焙百分比/（%）	重量/克
淡奶油	80	80
细砂糖	80	80
黄油	20	20
黑巧克力	100	100

Note

二、制作过程

（1）将黄油在案台上软化，搓至发白。加入糖粉，将糖油混匀备用。

（2）将蛋清打至中性起泡，呈软鸡尾的状态，将打发的蛋清分次加入黄油糊中，拌至融合状态（图3-2-21，图3-2-22）。

（3）加入过筛好的低筋粉和香草粉，拌和均匀后，将面糊装入裱花袋，用大号菊花嘴呈直线形挤入烤盘，长约8厘米，间隔3厘米（图3-2-23，图3-2-24）。

（4）烤炉预热到上火170 ℃、下火140 ℃，入炉烤20分钟左右，冷却备用（图3-2-25，图3-2-26）。

（5）将淡奶油、黄油隔水加热熔化。加入细砂糖、黑巧克力，搅拌均匀备用。

（6）在两片饼干中间加入巧克力馅即可（图3-2-27，图3-2-28）。

→ **任务评价**

米兰曲奇口感酥脆、呈金黄色，巧克力香味浓郁，甜度适中，造型变化多样且美观（图3-2-29）。

图 3-2-21

图 3-2-22

图 3-2-23

图 3-2-24

图 3-2-25

图 3-2-26

图 3-2-27

图 3-2-28

图 3-2-29

→ **注意事项**

(1) 黄油应搓至软化后,再加入糖搓熔化。

(2) 蛋清要搅打至中性起泡的状态,再分次加入黄油糊中混合均匀,避免油水分离的现象。

(3) 曲奇挤注成形时应尽可能保持大小均匀,间隙不能太小。

(4) 若烤炉底火温度高,可多垫一层烤盘或调整一下炉温,防止曲奇底部颜色太深。

(5) 巧克力馅在制作时,应注意液体料的添加量,防止馅料太稀,不易凝固。

项目三

派和塔的制作

西点大讲坛:
派的分类及
制作要点
3-3-0

项目描述

　　派和塔均属典型混酥类产品,是最为常见的西点品种。派和塔用料广泛,种类繁多,变化多样:有的质地酥松,入口即化;有的松脆致密,清爽适口;有的皮馅搭配,特色味浓。因此,派和塔多见于西式自助餐饮,深受消费者的喜爱。本项目主要讲授其中最具有代表性的南瓜派、苹果派、椰塔、水果塔的制作工艺。

项目目标

　　学习派和塔类西点的制作。

任务一　南瓜派

视频:南瓜派

任务描述

　　南瓜派属典型的单皮派、生皮生馅派,是以混酥面团为皮坯,经和制、擀制、入模、成形、制馅、填馅、烘烤等工艺制作而成。制作过程主要包括派皮制作、入模成形、馅料调制等,要求学生熟悉南瓜派的各种用料,熟练和制软硬适度的皮料,规范入模成形手法,调制合用馅料,准确验熟成品。

任务导入

　　南瓜派是常见的派类产品,无论是饼店的零售,还是餐会的搭配,都能见到它的身影。派皮的制作是产品成功的重要步骤,皮料过硬则不易擀制且成品易碎,皮料过软不易成熟且易变形。馅料调制则需要考虑原料的选择和调制中对含水量的掌握。本任务学习南瓜派的整体制作过程。

任务目标

　　学习南瓜派的制作。

一、制作配方

❶ 派皮

原料	烘焙百分比/(%)	重量/克
低筋粉	100	250
黄油	40	100
糖粉	40	100
全蛋	40	100
盐	2	5

❷ 南瓜馅

原料	烘焙百分比/(%)	重量/克
南瓜泥	100	250
淡奶油	50	125
全蛋液	40	100
白砂糖	12	30

❸ 装饰料

原料	烘焙百分比/(%)	重量/克
葡萄干	100	少许

二、制作过程

酥皮的制作分三个步骤进行,分别是派皮的制作、南瓜馅的制作、填馅烘烤。

（一）派皮的制作

（1）按派皮配方准确称料,黄油搓至软化,加入盐和糖粉,拌匀,使黄油和糖粉充分融合,全蛋打散,分次加入。每加一次,需油、蛋融合完全后再加下一次,直至蛋液完全添加完毕,形成均匀的糖油蛋糊(图 3-3-1,图 3-3-2)。

（2）将低筋粉折入糖油蛋糊中,反复按压折叠,形成组织均匀的混酥面团;用擀面杖将混酥面团擀成 0.4 厘米厚的圆片(图 3-3-3,图 3-3-4)。

（3）将混酥面片平铺在派盆上,用擀面杖轻擀按压,除去多余部分;捏边按底成形,并在底部均匀扎孔,静置备用(图 3-3-5,图 3-3-6)。

（二）南瓜馅的制作

（1）南瓜削皮去籽切瓣,入蒸箱蒸制 20 分钟,捣成较为粗糙的南瓜泥(图 3-3-7,图 3-3-8)。

（2）按照南瓜馅配方准确称料。将南瓜泥、全蛋液、白砂糖放入盆中,搅拌使白砂糖溶解,分次加入动物淡奶油,搅拌均匀即可(图 3-3-9,图 3-3-10)。

（三）填馅烘烤

将南瓜馅缓缓倒入派盆中,约九成满。待表面平静后,撒葡萄干装饰。烤箱上火预热 180 ℃,下火预热 185 ℃,烘烤约 30 分钟,待派盆边缘上色即成(图 3-3-11,图 3-3-12)。

图 3-3-1

图 3-3-2

图 3-3-3

图 3-3-4

图 3-3-5

图 3-3-6

图 3-3-7

图 3-3-8

图 3-3-9

图 3-3-10

图 3-3-11

图 3-3-12

> **任务评价**

南瓜派具有外形规整、皮酥馅软、咸甜适中、色泽金黄、南瓜味浓的特点。适当冷藏后,皮料回软,切口整齐不易碎,皮馅搭配更有新口感(图 3-3-13)。

图 3-3-13

→ 注意事项

（1）派皮制作应选用蛋白质含量在 8% 的低筋粉，筋力过高会造成面团在和制时起筋，影响后期膨发。

（2）派皮的酥性很大程度上来自油脂作用，因此应选用熔点较高的黄油，不建议使用起酥性较差的液体油脂，以免影响成品起酥效果。

（3）派皮中的黄油应搓至软化，糖粉、蛋液要与黄油混合均匀，防止油蛋分离。

（4）油蛋糊中拌入面粉后，应采用反复按压方式成团，不可揉搓，以免起筋。

（5）面团和制好后，应常温饧面，不建议冷藏，防止黄油凝固，面团变硬，影响后续成形。

（6）派皮擀制应薄厚均匀，入模后边缘捏齐整，否则后期成熟上色不均。

（7）派皮底部用牙签扎孔，有利于后期成熟和成形。

（8）南瓜应选用含水量低、含淀粉量高的老南瓜，否则蒸制后出水量较大，不易成馅。

（9）葡萄干先清洗，后浸泡约 10 分钟，沥干水分后使用，防止烤焦。

（10）南瓜派为生皮生馅派，烘烤应选用低温长时法，待派皮边缘上色后可判断为成熟。

（11）南瓜派冷却稍回软后方可切配，避免切碎。

视频：苹果派

任务二　苹果派 🖥

→ 任务描述

苹果派属双皮派、生皮熟馅派，是以混酥面团为底坯，经和制、擀制、入模、成形、制馅、填馅、盖面坯、烘烤等工艺制作而成。制作过程主要要求学生熟悉苹果派的各种用料，熟练制皮、调制苹果馅料、交叉覆盖网状二层皮。

→ 任务导入

苹果派甜中带酸，果香味浓，适口开胃，营养丰富，老少皆宜，一直是派类中历久不衰的品种。本次任务学习苹果派的制作过程，掌握双皮派的制作工艺和馅料的调制方法。

→ 任务目标

学习苹果派的制作。

任务实施

一、制作配方

① 派皮

原料	烘焙百分比/（%）	重量/克
低筋粉	100	250
黄油	40	100
糖粉	40	100
全蛋液	40	100
食盐	2	5

② 苹果馅

原料	烘焙百分比/（%）	重量/克
苹果丁	128	320
黄油	32	80
白砂糖	60	150
淀粉水	32	80
肉桂粉	2	5
食盐	2	5

③ 装饰料

原料	烘焙百分比/（%）	重量/克
全蛋液	100	少许

二、制作过程

苹果派的制作可分为酥皮制作、馅料制作、填馅烘烤等步骤。

（一）酥皮制作

制作一份混酥皮料（制作过程参考本项目任务一）。

（二）馅料制作

（1）苹果去皮去核切丁，按苹果馅料配方准确称料。将黄油放入锅中，加热熔化，倒入苹果丁，翻拌炒制（图 3-3-14，图 3-3-15）。

（2）依次加入白砂糖、食盐、肉桂粉，炒至苹果丁出水（图 3-3-16，图 3-3-17）。

（3）待锅底水分蒸发至较干爽状态后，分次加入淀粉水收汁，即成黏度较大的苹果馅料（图 3-3-18，图 3-3-19）。

（三）填馅烘烤

（1）将苹果馅均匀平铺在派盆中，填充量约八成满；表面交叉覆盖宽约 1 厘米的混酥面剂条，间隙 1.5 厘米（图 3-3-20，图 3-3-21）。

（2）在苹果派表面刷蛋液。烤箱上火预热 190 ℃，下火预热 180 ℃，入炉烘烤约 25 分钟，待苹果派边缘和表面着色后出炉(图 3-3-22,图 3-3-23)。

→ 任务评价

　　苹果派表皮焦黄,色泽诱人,网状外形赏心悦目,口感酸甜不腻,上下皮层薄厚均匀,苹果香味浓郁,营养丰富,老少皆宜(图 3-3-24)。

图 3-3-14　　　　　　　　　　图 3-3-15　　　　　　　　　　图 3-3-16

图 3-3-17　　　　　　　　　　图 3-3-18　　　　　　　　　　图 3-3-19

图 3-3-20　　　　　　　　　　图 3-3-21　　　　　　　　　　图 3-3-22

图 3-3-23　　　　　　　　　　　　　　　　图 3-3-24

注意事项

（1）苹果派派皮制作关键点与南瓜派相同。

（2）应选用新鲜优质苹果，否则苹果派的果香味淡，馅心黏腻，影响口感。

（3）苹果切丁时大小应均匀，保证成熟度一致；切丁后尽快入锅炒制，防止变色。

（4）不可使用铸铁锅炒馅，以免变色。应选用不锈钢复底锅，炒制时多搅拌，防止糊锅。

（5）苹果馅需冷藏后使用，以增加黏度。含水量不可过高，以免入模时派皮吃水，不易成熟。

（6）苹果派二层皮裁切时以 1 厘米宽度为宜，间隙留足 1.5 厘米，切条时可用花式轮刀，使剂条更加美观。

（7）也可用交织编制的方式将二层皮编好后覆盖在表面。

（8）烘烤前用软羊毛在表面均匀刷蛋黄液，使产品色泽更明亮，上色更容易。

（9）苹果派烘烤用时较长，待边缘上色后，及时验熟出炉。

任务三　椰塔

视频：椰塔

任务描述

椰塔是以混酥面团为底坯，经调制、入模、成形等工序，填入以椰蓉或椰丝为主的馅料，经烘焙加工而成的西式点心。椰塔的制作过程主要包括皮料制作、入模成形、馅料调制、填馅烘烤等步骤，产品要求达到形态规整、外酥内绵、甜味适中、火色均匀、椰奶香味浓郁的效果。

任务导入

椰塔是传统西式点心，早期流行于港台地区，因其外皮松酥，馅心椰果味浓，口感清新，甜而不腻而深受消费者欢迎。本次任务学习椰塔的制作过程。

任务目标

学习椰塔的制作。

任务实施

一、制作配方

❶ 椰塔皮

原料	烘焙百分比/（%）	重量/克
低筋粉	100	400
黄油	62	250
糖粉	10	40
全蛋液	12	50
食盐	1.2	5

❷ 椰塔馅

原料	烘焙百分比/(%)	重量/克
椰蓉	100	300
黄油	50	150
糖粉	117	350
蛋黄	100	300
椰浆	150	450
低筋粉	50	150

二、制作过程

椰塔的制作可分为塔皮的制作、塔馅的制作、填馅烘烤等步骤。

（一）塔皮的制作

（1）按塔皮配方准确称料，制作混酥皮面一份（制作过程参考本项目任务一）。

（2）混酥皮面擀至厚约0.4厘米，平铺于金属塔模上，用掌轻按，去掉周边多余酥面（图3-3-25，图3-3-26）。

（3）左手旋转模具，右手按压底部并捏边，使塔皮底部较薄，边缘较厚，紧贴模具内壁，用牙签在塔皮底部均匀扎孔即成（图3-3-27，图3-3-28）。

（二）塔馅的制作

（1）按塔馅配方准确称料。黄油隔水熔化，加入糖粉搅拌均匀成糖油糊。分次加入蛋黄，搅拌使蛋黄与糖油糊充分融合。加入椰浆，搅拌均匀（图3-3-29，图3-3-30）。

（2）加入椰蓉，并充分搅拌，使椰蓉充分浸润。加入低筋粉翻拌均匀即成椰塔馅（图3-3-31，图3-3-32）。

图 3-3-25

图 3-3-26

图 3-3-27

图 3-3-28

图 3-3-29

图 3-3-30

（三）填馅烘烤

用裱花袋盛装椰塔馅，均匀挤注填馅，盛装量约为九成满。烤箱预热上火 185 ℃，下火 180 ℃，烘烤约 25 分钟，待边缘和顶部着色即可出炉（图 3-3-33，图 3-3-34）。

任务评价

椰塔精致小巧，外焦里嫩，色泽诱人，口感甜酥，椰香味浓（图 3-3-35）。

图 3-3-31

图 3-3-32

图 3-3-33

图 3-3-34

图 3-3-35

注意事项

（1）椰塔皮面制作与派类相似，软硬适度。

（2）酥皮面擀制薄厚均匀，否则后期难成形，不易成熟，捏制时底薄边厚。

（3）底坯扎孔，一是可防止烘烤时起包，二是更易成熟。

（4）全脂椰蓉或全脂椰丝均可使用，严格按配方进行配料，不可使馅心过软或过硬。

（5）椰奶馅料后期膨发小，填充量可达九成，可使产品更饱满，有利于后期上色。

（6）摆盘时应将烤盘均匀摆满，有利于整盘上色，统一成熟。

（7）烘烤后应及时脱模，防止粘连。

（8）根据制品大小、填充量及馅料含水量高低，灵活控制炉温及烘烤时间。

任务四　水果塔

任务描述

水果塔属先成熟后填馅装饰的塔类品种，其制作工艺主要包括两个部分：一是塔壳的制作，二是后期填馅装饰。塔壳的预制要求皮面软硬适度易操作,烘烤时不塌陷不变形,成品又要保持一定松酥性。后期填馅装饰既要考虑皮馅搭配的口感,又要赏心悦目,体现美的享受。因此,不仅要求学生准确掌握皮坯的调制技艺,又要具备一定的美学基础。

→ **任务导入**

水果塔的食用体验与椰塔不同,除了具有塔类点心通用的酥松外皮,还富含各种水果的果香滋味,可以体验色彩搭配的美学设计。本任务学习水果塔的制作。

→ **任务目标**

学习水果塔的制作。

→ **任务实施**

一、制作配方

❶ 塔皮

原料	烘焙百分比/(%)	重量/克
低筋粉	100	400
黄油	62.5	250
糖粉	10	40
全蛋液	12.5	50
食盐	1.25	5

❷ 水果塔馅

原料	烘焙百分比/(%)	重量/克
黄桃	100	适量装饰用
草莓	100	适量装饰用
火龙果	100	适量装饰用
鲜奶油	100	适量装饰用

二、制作过程

水果塔的制作可分为塔皮的制作和烘烤、填馅装饰等步骤。

(一)塔皮的制作和烘烤

(1)制作一份混酥皮面(制作过程参考本项目任务一)。

(2)制作塔皮(制作过程参考本项目任务三)。烤箱预热后调上火185 ℃,下火180 ℃,烘烤约15分钟,待边缘着色后,出炉冷却备用(图3-3-36,图3-3-37)。

(二)填馅装饰

鲜奶油搅打至中性起泡,用裱花袋盛装,以螺旋式挤入冷却后的塔皮中,填充量约为九成。将各色水果丁装饰在表面即可(图3-3-38,图3-3-39)。

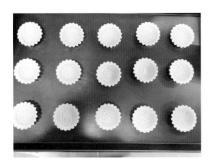

图 3-3-36

图 3-3-37

图 3-3-38

图 3-3-39

【任务评价】

　　水果塔外形立体感强，色彩组合明快，水果味浓，口感舒适，营养价值高，是老少皆宜的西点佳品（图 3-3-40）。

图 3-3-40

【注意事项】

　　（1）水果塔皮的制作与椰塔皮的制作过程相同。

　　（2）水果塔皮不宜太软，否则预烤时易下塌失形。

　　（3）烘烤前在塔皮底部均匀扎孔，防止烘烤起包，影响外观。

　　（4）冷却后方可填馅装饰。

　　（5）可选用鲜奶油，打发至中性起泡即可，过软无法支撑，过硬影响外观和口感。

　　（6）水果可选色泽鲜艳，口味多样的时令水果，不但赏心悦目，也能带来食用愉悦感。

　　（7）水果塔宜现做现食，不可久存。有短时间存放需求的，应保持存放环境低温（2～5 ℃）、密闭无菌，且存放时间不可超过 4 小时。

泡芙的制作

项目描述

　　泡芙(puff)又称"气鼓"或"哈斗"，源自意大利的西式甜点，是西点中的常见品种，其形状样式多变，有圆形、长方形、阿拉伯数字形、动物形等。泡芙有多种类型，它们均是在泡芙面团基础上，通过成形、烘烤或炸制、装饰等制作过程形成的，具有色泽金黄、外表松脆、体积膨大的特点，其风味主要取决于所填装的馅料。一般常见的品种有天鹅泡芙、奶油泡芙(cream puff)、鸭形泡芙(duck cream puff)和长形泡芙(eclair)、闪电泡芙等。

项目目标

　　学习泡芙的制作。

任务一　天鹅泡芙

任务描述

　　泡芙是一种源自意大利的甜食，它的制作工艺较其他西点特殊，是用沸腾的油水烫面，再加入较多的鸡蛋搅打成膨松的烫制面糊，烘烤时制品体积膨胀较大，在制品内部形成了较大的孔洞结构，其外表松脆，色泽金黄，有花纹，形状美观，口感松脆、香醇但没有味道，因此要靠馅心来调味。

任务导入

　　天鹅泡芙能展现出天鹅俊秀的身段，圆润的形貌，细长的脖颈。蓬松胀空的泡芙皮裹着奶油、巧克力、冰激凌等馅料，口感丰富，颜值美味相当，在宴会和餐会搭配中也经常使用。本次任务学习天鹅泡芙的整体制作过程。

任务目标

　　学习天鹅泡芙的制作。

任务实施

一、制作配方

原料	烘焙百分比/(%)	重量/克
低筋粉	100	100
黄油	84	84
水	100	100
泡打粉	2	2
牛奶	100	100
全蛋液	270	270

二、制作过程

（1）将牛奶、水倒入厚底锅中，加入黄油后，将水加热煮沸（图3-4-1，图3-4-2）。

（2）趁热加入低筋粉进行烫面，边加热边搅动，待锅底出现薄膜状态，离锅冷却（图3-4-3，图3-4-4）。

（3）冷却后，分次加入全蛋液进行搅拌至顺滑无颗粒，待面糊出现倒三角锅底结薄皮的状态备用（图3-4-5，图3-4-6）。

（4）将面糊装入已装好大号菊花嘴的裱花袋中，以挤收的手法在铺好油纸的烤盘中挤入首大尾小的泡芙面糊（图3-4-7，图3-4-8）。

（5）将挤好的泡芙放入预热好的烤箱（上火190 ℃，下火180 ℃），烘烤20分钟左右，出炉冷却备用。

（6）另取一份面糊，装入裱花带中，用剪刀剪小口，挤出天鹅的脖子形状。烤箱预热（上火180 ℃，下火170 ℃），烘烤10分钟左右取出备用（图3-4-9，图3-4-10）。

（7）将鲜奶油打发至8成，装入裱花袋备用。

（8）将泡芙用剪刀剪成顶部和底部两部分，将顶部从中间裁开，修剪出天鹅的翅膀形状（图3-4-11，图3-4-12）。

（9）在泡芙底部挤上奶油，并挤拉出天鹅羽毛的形状（图3-4-13）。

（10）插上翅膀，再从前部中间插入脖颈部分固定，用草莓酱描绘出天鹅的喙（图3-4-14）。

（11）用巧克力酱点出天鹅的眼睛即可（图3-4-15，图3-4-16）。

图 3-4-1

图 3-4-2

图 3-4-3

图 3-4-4 图 3-4-5 图 3-4-6

图 3-4-7 图 3-4-8 图 3-4-9

图 3-4-10 图 3-4-11 图 3-4-12

图 3-4-13 图 3-4-14 图 3-4-15

任务评价

  天鹅泡芙色泽金黄,形似天鹅,栩栩如生,香甜润滑,食用时给人赏心悦目之感(图 3-4-17)。

Note

图 3-4-16

图 3-4-17

注意事项

（1）泡芙糊一定要炒至粘锅并在底部结出薄膜的状态，用长柄刮板挑起适量的面糊，观察面糊黏附在刮板上的状态，如黏附在刮板的面糊形成倒三角形的薄片，不从刮板上滑下，则表示面糊搅拌程度恰到好处。炒得不到位则烘烤后易塌。

（2）鸡蛋要分次加入且要搅拌顺滑均匀。

（3）造型时头、身、翼的比例要得当，大小要均匀。

（4）烘烤时要一鼓作气，中途勿开烤箱，避免塌陷。烤好后利用余温再焖一会儿。

（5）已熟的泡芙可以用鲜黄奶油、水果馅、果酱、糖浆、糖粉、奶粉等进行装饰。

（6）成形后要立即上席或出售。

模块三
同步测试

模块四

蛋糕装饰基础

蛋糕装饰概述

一、生日蛋糕的来源

中古时期的欧洲人相信,生日是灵魂最容易被恶魔入侵的日子,所以在生日当天,亲人朋友都会齐聚身边给予祝福,并且送蛋糕以带来好运驱逐恶魔。流传到现在,不论是大人或小孩,都可以在生日时,买个漂亮的蛋糕,享受众人给予的祝福。由于疼爱孩子,古希腊人在庆祝他们孩子的生日时,在糕饼上面放很多点亮的小蜡烛,并且加进一项新的活动——吹灭这些燃亮的蜡烛。他们相信燃亮着的蜡烛具有神秘的力量,如果这时让过生日的孩子在心中许下一个愿望,然后一口气吹灭所有蜡烛的话,那么这个孩子的美好愿望就一定能实现。

最早的蛋糕是用几种简单的材料做出来的,是古老宗教神话的象征。早期的经贸路线使异国香料由远东输入,坚果、柑橘类水果、枣子与无花果从中东引进,甘蔗则从东方国家与南方国家进口。

在欧洲黑暗时代,这些珍奇的原料只有僧侣与贵族才能拥有,而他们的糕点则是蜂蜜姜饼以及扁平硬饼干之类的东西。慢慢地,随着贸易往来的频繁,西方国家的饮食习惯也跟着彻底地改变。

东征返家的士兵和阿拉伯商人,把香料的运用方法和中东的食谱传播开来了。在中欧几个主要的商业重镇,烘焙师傅的同业公会也组织起来了。而在中世纪末,香料已被欧洲各地的富有人家广为使用,更促进了糕点烘焙技术的发展。等到坚果和糖大肆流行时,杏仁糖泥也跟着大众化起来,这种杏仁糖泥是用木雕的凸版模子烤出来的,而模子上的图案则多与宗教训诫有关联。

蛋糕最早起源于西方,后来才慢慢传入中国。中国大多数人现已将蛋糕作为过生日的必需品了。

二、装饰蛋糕的分类

不同国家、不同民族、不同宗教信仰和不同地域的人们,有着不同的饮食习惯和风土人情,在历史的长河中形成了绚丽多彩的饮食文化。按我国人民的习惯,以及地域的界限,可把蛋糕装饰划分为两类。

(一)中式蛋糕

中式蛋糕主要以挤花和挤动物为主。

(二)欧式蛋糕

欧式蛋糕主要以巧克力配件装饰和水果装饰为主。

蛋糕还有许多品种,如结婚蛋糕、满月蛋糕、慕斯蛋糕、乳酪蛋糕、艺术蛋糕、无糖蛋糕、法式蛋糕、婚礼蛋糕、祝寿蛋糕、巧克力蛋糕、烤芝士蛋糕、冰激凌蛋糕、奶油水果蛋糕、经典蛋糕、鲜奶蛋糕、冻芝士蛋糕、数码蛋糕等。

目前市场上生日蛋糕琳琅满目,主要包括植物奶油装饰蛋糕、各种欧式蛋糕、水果装饰蛋糕、巧克力装饰蛋糕、翻糖与杏仁蛋糕、各种主题蛋糕(如婚礼蛋糕、情人节蛋糕、圣诞蛋糕)等。

在挑选蛋糕的时候,应该根据自己的用途确定消费产品的特色,如圣诞节时选择圣诞蛋糕,情人节要选择浪漫的蛋糕,小朋友过生日选择卡通蛋糕等,再选择款式,尽量保证低糖、低脂、清淡和营养平衡。

三、蛋糕装饰的现状和发展趋势

蛋糕起源于欧洲,近年来在中国发展迅速,在借鉴西方先进经验的基础上,逐渐形成了种类、花色、形状各异的蛋糕模式。同时,我国人们生活方式逐渐变化,蛋糕被我国广大消费者接受,其市场状况非常乐观,销售量呈逐年上升的趋势。

（一）糕点市场的现状

目前,我国糕点市场正在向品牌化靠近,一些没有知名度的中小店铺明显感觉到竞争压力。外资品牌大举进入中国市场,他们在服务和产品创新上都下足了功夫,这让有着一定品牌知名度的我国糕点企业也同样面临竞争压力。

近年来,由于市场竞争不断加剧,企业间的兼并重组和品牌经营进程逐步加快,规模化经营初见成效。集团化和品牌连锁作为规模化经营的主要模式,在扩展和稳定客源、提高用户忠诚度、降低成本等方面有较大的优势。

我国市场的糕点行业主要在一线城市,二三线城市才刚刚起步。活力和疲态兼具,未来将会趋于理性化。

（二）糕点市场发展潜力及发展趋势

一线城市的糕点企业已形成糕点品牌,他们有先进的厂房,按照 GMP 要求进行生产布局,按 ISO 22000 和 HACCP 等标准进行管理,营销模式采取人性化服务,跨省市连锁经营,发放优惠券,支持网上订购,送货上门等。

随着我国民众生活水平的提高,对蛋糕的质量要求和营养要求越来越高,调查显示,市场对于以下几类需求强烈。

❶ **方便、快捷的旅游蛋糕** 现在旅游已成为人们放松自己、愉悦身心的良好方式,由此带动了方便食品的急速发展,所以市场需要更加方便快捷的旅游蛋糕。

❷ **低糖、低脂、清淡和营养平衡的蛋糕将更为人们所重视** 高糖、高脂饮食被现代人视为洪水猛兽,科学健康的膳食已在全世界成为人们追求的目标。这就要求蛋糕改变高糖、高脂、高热量的现状,向清淡、营养平衡的方向发展,如低糖、无糖,或用非糖甜味剂部分替代蔗糖。这样的蛋糕可给糖尿病、肥胖症、高血压等疾病患者带来福音。可利用大豆蛋白粉、麸皮、燕麦碎粒等制成高蛋白质,富含纤维素、矿物质的营养蛋糕。这是 21 世纪很具诱惑力的商品之一。

❸ **个性化、特色化、形象化的服务是消费者对蛋糕消费提出的新要求** 随着消费水平的提高,业界企业要重视消费者的具体要求,考虑消费场景、消费时间,向消费对象提供有针对性的服务,塑造出符合顾客需要的企业形象,开辟特色鲜明的消费场景,如音乐蛋糕店、情人蛋糕屋、儿童乐园蛋糕屋等,使人们不仅消费到商品本身,而且也能享受到商品的文化内涵。

四、蛋糕装饰的卫生要求

（1）工作人员操作时必须穿戴好工作服、发帽,做到"三白"（白衣、白帽、白口罩）,并保持清洁整齐,做到文明操作,不赤背、不光脚,禁止随地吐痰。

（2）工作人员必须做好个人卫生,要坚持做到"四勤"（勤理发、勤洗澡、勤换衣、勤剪指甲）。

（3）工作人员必须持有卫生防疫部门办理的健康证和岗位培训合格证,炊事人员无健康证不得上岗。

（4）工作人员工作前、方便后应彻底洗手并消毒,保持双手的清洁。

（5）严禁在操作间内躺卧、住宿,以及悬挂衣物、鞋子和其他杂物等。

（6）严禁在工作区域吸烟。咳嗽、吐痰、打喷嚏等要避开食物。

（7）操作间的卫生应随时打扫,抽油烟设备及其他各种设备、餐用具等应定期清洗,保持环境与器皿卫生。每天至少进行两次全场大清洁。

（8）地面、天花板、墙壁、门窗应保持整洁,没有孔洞,以免蟑螂、老鼠进入。

（9）应特别注意清扫工作台、橱柜下内侧及死角,防止残留食物残渣。

（10）食物应新鲜、清洁、卫生，食物不在常温空气中长时间暴露。

（11）员工生病时，应在家中或医院治疗，停止一切工作。

（12）注意防火防盗，防食物中毒。如发现事故苗头或闻到异味，必须立即查找并及时报告，切实清除隐患。

五、蛋糕装饰常用的设备与工具

蛋糕装饰常用的设备与工具见图 4-0-1 至图 4-0-24。

图 4-0-1　搅拌机

图 4-0-2　电子秤

图 4-0-3　电磁炉

图 4-0-4　转台

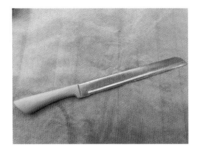

图 4-0-5　锯齿刀

图 4-0-6　打蛋器

图 4-0-7　开罐器

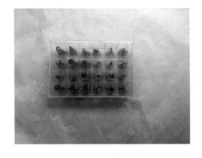

图 4-0-8　裱花嘴

图 4-0-9　铲刀

图 4-0-10　抹刀

图 4-0-11　软刮铲刀

图 4-0-12　三角刮

图 4-0-13　裱花棒

图 4-0-14　柠檬榨汁器

图 4-0-15　毛刷

图 4-0-16　刨皮刀

图 4-0-17　粉筛

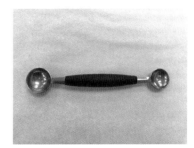

图 4-0-18　挖球器

图 4-0-19　剪刀

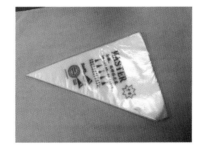

图 4-0-20　裱花袋

图 4-0-21　火枪头

图 4-0-22　不锈钢印

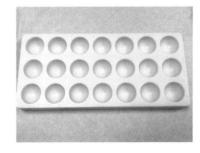

图 4-0-23　巧克力模具

图 4-0-24　量杯

机器安全操作注意事项：

（1）搅拌机使用中,需等关机后机器缓冲归零才可以操作。

（2）安装时,搅拌桶要放牢卡住,放下防护网后才能启动。

（3）换挡要停机,开机要看桶;面糊用中速或高速搅拌。

蛋糕装饰的原辅料

　　蛋糕在装饰的过程中,用到的主要原料为鲜奶油。鲜奶油还可作为抹坯的主要的原料,除此之外,还会应用到色素、巧克力和各种水果。本项目要求掌握各种原辅料的使用特性及其搭配,能够熟练地使用各种原辅料制作出精美的蛋糕。

　　学习蛋糕装饰的原辅料。

任务一　鲜奶油

任务描述

　　做蛋糕的主要原料是鲜奶油,它分为动物性鲜奶油和植物性鲜奶油。其基本配料(成分)有水、氢化棕榈油、糖、酪朊酸钠、乳化剂、增稠剂、水分保持剂、食用香精、食用盐等。

任务导入

　　鲜奶油是烘焙产品里经常使用的原料之一。本任务学习鲜奶油的分类、配料、使用和储存。

任务目标

　　了解鲜奶油的配料和使用。

任务实施

一、植物性鲜奶油

　　配料(成分):水、部分氢化棕榈油、乳清粉、麦芽糊精、奶粉、乳化剂、食用香精、酪朊酸钠、增稠剂、食用盐、β-胡萝卜素(图 4-1-1)。

　　使用方法:使用前请放置于冰箱内(1～6 ℃)解冻,开罐前,请摇匀,倒入冷却的搅拌缸内,10%～20%满,用中速打发 3～8 分钟,如需要求达到"坚强"的效果,可稍稍增加打发时间。颜色洁白,味道香甜,像冰激凌味道,已经有甜味,不需要添加糖。使用前摇匀,将液体奶油倒入冷却过的搅拌缸内,倒入量不要超过搅拌缸容量的 20％,用中速搅拌至液体变稠,表面光泽消失,并有软尖峰形即可。体积可达到原来的 3～4 倍。

储存:保持冷库温度 −18 ℃,可储存 12 个月,已解冻的产品可冷藏于 3～5 ℃。

二、动物性淡奶油

配料(成分):鲜牛奶、乳脂、食品添加剂(大豆磷脂,单、双甘油脂肪酸,聚氧乙烯山梨醇酐单油酸酯,氯化钙,微晶纤维素,羧甲基纤维素钠奶脂含量不低于 35.1％)(图 4-1-2)。

图 4-1-1　　　　　　　　　　　　　　　　　　　图 4-1-2

使用方法:从冷藏柜拿出,搅拌至液体表面纹路清晰,体积不会变大(只是从液体变为固体)为止。颜色米白色,味道是牛奶味,没有甜味,需要添加甜味剂。

储存:未开盒的奶油,在 4～8 ℃ 可储存 9 个月,解冻后需冷藏。注意制作时的温度,室温要求在 17～22 ℃,最佳打发液体温度在 7～10 ℃。5 升的打蛋机放 1 升的奶油,20 升的最多不超过 4 升奶油,未打发的奶油储存时不能反复解冻、冷冻,否则会影响奶油品质,已完全解冻后的未开盒的奶油,冷藏(2～8 ℃)时间不宜超过 3 天,否则液体会变稠,影响奶油的细腻度、光泽度及稳定性,装饰好的奶油蛋糕必须尽快存放于冷藏柜内,不应放在室温下。

注意事项:未搅拌的鲜奶油的储存问题。为了确保最佳质量,未搅拌的鲜奶油应保存在 4～8 ℃ 的温度下,产品开启后,需冷藏并尽快使用,勿冷冻。

任务二　食用色素

任务描述

食用色素是以食品着色为目的的食品添加剂,从而使单调的食品变得色泽丰富多彩,除了给人以美的视觉享受外,还能促进人的食欲,增加消化液的分泌,从而更有利于消化、吸收。对于蛋糕装饰来说,因为有了色素,装饰图案变得多彩生动,会带给人美好的想象,从而引起人们的食欲。

任务导入

食用色素在生活中随处可见,给人带来感官上的变化,让食物更有食欲。

任务目标

了解生活中食用色素的来源和分类。

任务实施

一、食用色素

食用色素按来源和性质可分为天然色素和食用合成色素（图 4-1-3）。天然色素主要包括姜黄素、红曲米、甜菜红等。我国允许使用的食用合成色素有苋菜红、胭脂红、柠檬黄、日落黄、靛蓝五种。

图 4-1-3

❶ **苋菜红**　红色的均匀粉末，无臭，0.01％的水溶液呈玫瑰红色，不溶于油脂，耐光、耐热、耐盐、耐酸性良好，对氧化还原作用敏感。

❷ **胭脂红**　枣红色粉末，无臭，溶于水后呈红色，不溶于油脂，耐光、耐酸性良好，耐热、耐还原、耐细菌性较弱，遇碱后呈褐色。

❸ **柠檬黄**　橙黄色均匀粉末，无臭，0.1％水溶液呈黄色，不溶于油脂，耐热、耐酸、耐光、耐盐性均好，耐氧化性差，遇碱稍变红，还原时褪色。

❹ **日落黄**　橙色颗粒或粉末状，无臭，0.1％水溶液呈橙黄色，不溶于油脂，耐光、耐热、耐酸，遇碱呈红褐色，还原时褪色。

❺ **靛蓝**　呈蓝色均匀粉末状，无臭，0.05％水溶液呈深蓝色，不溶于油脂，对光、热、酸、碱、氧化均很敏感，耐盐性、耐细菌性较弱，还原时褪色，染着力好。

二、调色

在蛋糕的制作上，蛋糕的色彩是极其重要的一个方面。原料的三原色是红色、黄色、蓝色三种，将这三种原色用各种比例加以混合，即可调配出无数个新的色彩。从理论上看来，混合颜色也许是一件容易的事，但实际上做一个我们真正需要的准确色，并不是一件容易的事。这一色和那一色要用多少分量相混合，才能得到近于我们所需要的准确色，这个判断并不是靠理论，而是靠经验得来的。以下就是蛋糕制作的调色方法（图 4-1-4）。

朱红色＋黑色（少量）＝啡色

天蓝色＋黄色＝草绿、嫩绿色

天蓝色＋黑色＋紫＝浅蓝紫色

草绿色＋黑色（少量）＝墨绿色

天蓝色＋黑色＝浅灰蓝色

天蓝色＋草绿色＝蓝绿色

白色＋红色＋黑色少量＝褚石红色

天蓝色＋黑色（少量）＝墨蓝色

白色＋黄色＋黑色＝熟褐色

玫红色＋黑色（少量）＝暗红色

红色＋黄色＋白色＝人的皮肤颜色

玫红色＋白色＝粉玫红色

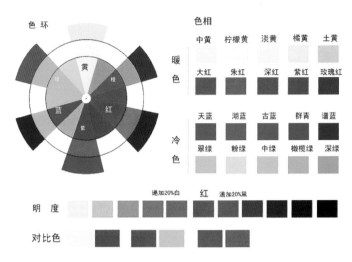

图 4-1-4

蓝色＋白色＝粉蓝色

黄色＋白色＝米黄色

玫红色＋黄色＝大红色(朱红色、橘黄色、藤黄色)

粉柠檬黄色＝柠檬黄色＋纯白色

藤黄色＝柠檬黄色＋玫瑰红

橘黄色＝柠檬黄色＋玫瑰红

土黄色＝柠檬黄色＋纯黑色＋玫瑰红

粉玫瑰红＝纯白色＋玫瑰红

朱红色＝柠檬黄＋玫瑰红

暗红色＝玫瑰红＋纯黑色

紫红色＝纯紫色＋玫瑰红

褚石红＝玫瑰红＋柠檬黄＋纯黑色

粉蓝色＝纯白色＋天蓝色

蓝绿色＝草绿色＋天蓝色

灰蓝色＝天蓝色＋纯黑色

浅灰蓝＝天蓝色＋纯黑色＋纯紫色

粉绿色＝纯白色＋草绿色

黄绿色＝柠檬黄色＋草绿色

墨绿色＝草绿色＋纯黑色

粉紫色＝纯白色＋纯紫色

啡色＝玫瑰红＋纯黑色

三、基本色的调和原则

红加黄变橙,红加蓝变紫,黄加蓝变绿。红、黄、蓝是三原色,橙、紫、绿则是三间色。间色与间色相加会变成各类灰色。但灰色都应该是有色彩倾向的,譬如蓝灰、紫灰、黄灰等。

(1) 红加黄变橙。

(2) 少黄多红变深橙。

(3) 少红多黄变浅黄。

(4) 红加蓝变紫,再加白变浅紫。

（5）少蓝多红变紫，再加多红变玫瑰红。

（6）黄加蓝变绿，加白变奶绿。

（7）少黄多蓝变深蓝。

（8）少蓝多黄变浅绿。

（9）红加黄加少蓝变棕色。

（10）红加黄加蓝变灰黑色（按分量多少可调出多种深浅不一的颜色）。

（11）黄加少红变深黄，加白变土黄。

（12）红加黄加少蓝加白变浅棕。

（13）黄加蓝变绿，加蓝变蓝绿。

（14）红加蓝变紫，再加红加白变粉紫红（玫瑰）。

（15）少红加白变粉红。

（16）红、黄、蓝是三原色，橙、紫、绿则是三间色。

在调制材料色彩时，应先以少量慢慢加入，充分搅拌至均匀，不足时再加入，切忌一次加入过多的量。由于各种颜色材料性质不同，放置时间超过 2 小时，一般都会变深，调配时应特别注意。

任务三 巧克力

任务描述

巧克力（chocolate，也译朱古力），原产中南美洲，其鼻祖是"xocolatl"，意为"苦水"。其主要原料可可豆产于赤道南北纬 18°以内的狭长地带。作为饮料时，常称为"热巧克力"或可可亚。

任务导入

巧克力是蛋糕装饰过程中不可缺少的配件之一，不仅可以增加蛋糕的口味，还可以丰富蛋糕的品种，起到美化作用。

任务目标

了解生活中巧克力的来源和分类，巧克力的类型。

任务实施

一、巧克力的类型

❶ **黑巧克力（dark chocolate）** 又分为特苦型巧克力，固形物含量 75%～85%。苦巧克力，固形物含量 50%～70%。苦甜巧克力，固形物含量最低，为 35%。另外还有半甜巧克力、甜巧克力等。

黑巧克力基本制法：巧克力汁＋可可脂＋乳化剂（大豆卵磷脂）＋调味剂＋蔗糖（其他糖也能使用，只不过蔗糖更普遍）（图 4-1-5）。

❷ **牛奶巧克力（milk chocolate）** 牛奶巧克力最能反映一个国家巧克力的口味。它最初是瑞士人发明的，因此一度是瑞士的专利产品。直到现在一些世界上较好的牛奶巧克力仍然出产于瑞士。相比于黑巧克力，牛奶巧克力的风味要少些微妙之处，而且可可豆的掺混工序也不用那么精确。牛

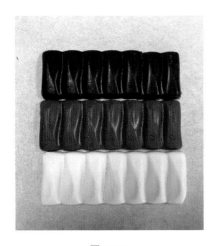

图 4-1-5

奶巧克力的制法：浓缩奶＋巧克力汁＋糖＋乳化剂＋调味剂＋可可脂。

❸ **白巧克力**（white chocolate）　白巧克力与牛奶巧克力的制作大同小异，固体牛奶是指奶粉，白巧克力是由可可脂、糖和牛奶混合制作而成的。所含的可可脂比黑巧克力的可可脂相对要少。因此，白巧克力的价格最便宜。

三者当中以黑巧克力的可可脂含量最高，高达 75％，因而巧克力味最浓，也最苦。白巧克力及牛奶巧克力则均只含 30％～40％可可脂，因此巧克力味较淡，但因为含奶量相对较高，故相对较甜。

分类	可可脂含量	特色
黑巧克力	75％	巧克力味浓而苦
白巧克力	30％～40％	加入奶粉、糖，巧克力味较淡
牛奶巧克力	30％～40％	含奶粉、糖粉，奶味浓而甜

我国俗称的"真巧克力"是指含有 31％～32％可可脂（不同国家对巧克力含可可脂成分比例的要求会有少许不同）的巧克力，味道天然香浓，使用时必须注意调校巧克力的温度，使当中的可可脂稳定结晶，从而达致做装饰时的最佳效果。真巧克力的调温过程讲究但不困难。只要有耐性和温度准确，结果都会令人喜出望外。

相对地，所谓"假巧克力"，是指用人造的"代可可脂"来代替可可脂，使用或熔化时不必调校温度，使用起来十分方便，但香味稍逊。

巧克力的储存是重要的问题，存放于干燥、阴凉、通风好的地方，避免阳光直射。要把它放在一个相对湿度不超过 65％的房间，并避开光、水和异味，储存温度 12～18 ℃，如果包装未破损，可保存几个月。巧克力应远离水分，否则会造成结块。巧克力尽量不要放在冰箱里，以免雾化。如果气温过高，巧克力也可放进冰箱冷藏或冷冻保存，但是这会导致巧克力的表面形成一层略带白色的薄膜。这层薄膜是可可脂，它不会导致巧克力变味，熔化时薄膜也会消失。

二、巧克力装饰的调温制作过程

巧克力可以用来做表面涂层，或倒入模型凝固制成各种装饰小配件。巧克力制作方法不当，可能会变成看起来既无光泽，入口后也不易熔化的劣质巧克力。巧克力制作的关键，在于制作过程中的调温工序，它使巧克力外观看起来光滑，咬起来酥脆，入口易化。

巧克力倒入模型，可以立即凝固，让制作过程变得更容易而顺利。凝固后的巧克力容易脱模。

调制巧克力的工艺方法（双蒸法）：准备一大一小两个容器，大容器内盛低于 50 ℃的温水，小容器盛放切碎的巧克力，将小容器放入大容器的水中，用水传热，使巧克力熔化。常用的具体操作方法有两种：一种是将要熔化的巧克力切碎，全部放入容器中一次性熔化；另一种方法是将切碎的巧克力的 2/3 先熔化，再放入余下的巧克力一起调制。

有时在熔化巧克力时，对于较稠的巧克力或存放过久的巧克力可添加适量油脂，以稀释巧克力或增加巧克力的光泽，使巧克力的颜色更深、更光亮。添加食用油脂的种类要灵活掌握，如果巧克力中可可脂含量低、硬度不够，应添加可可脂；如果巧克力调制时过硬，则应加入适量的植物油。

三、巧克力的调温过程

（1）将要熔化的巧克力切碎，全部放入容器中（图 4-1-6）。

（2）将巧克力隔水熔化，不停搅拌（图 4-1-7）。

图 4-1-6

图 4-1-7

（3）将全部巧克力熔化，形成光滑、均匀的状态，注意在这个过程中不能有水混入（图 4-1-8）。

（4）在整个调温过程中尽量控制温度在 30～40 ℃（图 4-1-9）。

图 4-1-8

图 4-1-9

四、巧克力装饰工艺注意事项

（1）掌握、控制好巧克力熔化温度是巧克力装饰工艺的关键。

（2）熔化巧克力时，如果温度过高，巧克力中的油脂容易与可可粉分离，所含糖分会出现结晶，形成细小的颗粒，使熔化的巧克力不亮，并造成制品成形困难。

（3）熔化巧克力的水温过高，会使巧克力吸收容器中的水气，使巧克力翻沙，失去光泽，并伴有白色花斑。

（4）制作巧克力制品时，室内温度在 20 ℃ 最为合适，高于或低于此温度，都会影响操作的正常进行。温度过高时，巧克力易熔化，不利于制品成形。

（5）熔化巧克力的水温不要超过 50 ℃。

（6）巧克力的模具一定要洁净、干燥，而且表面要用棉毛制品擦亮。

（7）巧克力装模时，要干净利落，边缘整齐。

（8）巧克力制品出模时，一定要等到制品完全凝固，并要保持制品的完整。

任务四　水果

→ 任务描述

新鲜的水果是蛋糕装饰时经常用到的原料之一，水果的使用不仅可以降低奶油的油腻感，增加维生素的摄入量，而且可以调节蛋糕的口味，还可以通过不同颜色的水果搭配来丰富蛋糕装饰的色彩。

→ 任务导入

水果装饰的蛋糕在市面上是较受欢迎的一款蛋糕，所以我们需要掌握水果的挑选、运用。

→ 任务目标

学习水果的选择、切法。

→ 任务实施

一、水果装饰件的基础知识

选一把头部较尖、刀柄较重、刀刃直且锋利的专用水果刀来切水果，这种刀能把水果切得细致。用水果装饰蛋糕时尽量用素色或净色的蛋糕面，以突出水果自身的色彩。

一个造型好看的水果蛋糕需要具备以下要点。

（1）水果的形状至少有三种，如圆形、片状、块状、条状等。

（2）颜色至少要有三种，如红色、黄色、绿色，如火龙果、梨、提子等。

（3）水果中必然用到线条这个装饰图案，例如，水果的梗就是"线"，水果皮也可以切成长长的线。

（4）同样形状的水果要有大小变化，摆放时要有方向变化、色彩明暗变化等，总之重复的形状要注意比例关系，否则看起来会呆板、不够活泼。

二、各种水果的切法

在应用各类水果进行装饰时，需要将不同的水果进行处理，以下介绍各种水果的切法。

（一）芒果

❶ 切法一

（1）用水果雕刀从柄部伸入，沿扁核切下（图4-1-10）。

（2）拿在手上，用水果雕刀尖纵横划口，不要划到皮。以同样的手法反方向纵横划口（图4-1-11）。

（3）手指按住皮中间反扣，切口即成锻模状（图4-1-12）。

❷ 切法二

（1）将芒果去皮，贴着核从中一分为二，切成薄片（图4-1-13）。

（2）切完，让芒果片一片接一片摆成长条形（图4-1-14）。

（3）从一端慢慢卷成玫瑰花形状（图 4-1-15）。

图 4-1-10

图 4-1-11

图 4-1-12

图 4-1-13

图 4-1-14

图 4-1-15

❸ 切法三

（1）芒果去皮，用小刀贴着芒果横截面切薄片（图 4-1-16）。

（2）看需求，可多切几片，要求厚薄均匀（图 4-1-17）。

（3）芒果薄片用手卷成卷筒状（图 4-1-18）。

图 4-1-16

图 4-1-17

图 4-1-18

❹ 方法四

（1）将芒果去皮，贴着核从中一分为二（图 4-1-19）。

（2）再将其切成块状（图 4-1-20）。

（二）柠檬

（1）洗净柠檬（图 4-1-21）。

（2）用水果雕刀将柠檬切成薄片（图 4-1-22）。

（3）用水果雕刀在柠檬薄皮的 2/3 处切口，并将其弯曲（图 4-1-23）。

（三）草莓

❶ 切法一

（1）用水果雕刀将草莓顶端削成 V 字形（图 4-1-24）。

146

图 4-1-19

图 4-1-20

图 4-1-21

图 4-1-22

图 4-1-23

（2）以此类推，越来越大（图 4-1-25）。

（3）从大到小叠起来，然后向上推动，呈现梯形（图 4-1-26）。

❷ **切法二**　用水果雕刀斜插入草莓中部偏上位置，切出一圈 V 字形。切完后用手指将两边分开（图 4-1-27）。

❸ **切法三**　在草莓顶端切出两个对角 V 字形（图 4-1-28）。

❹ **切法四**　用水果雕刀平均对半切开（图 4-1-29）。

图 4-1-24

图 4-1-25

图 4-1-26

❺ **切法五**

（1）将草莓从中一分为二，切成薄片。让草莓片一片接一片摆成长条形（图 4-1-30）。

（2）从一端慢慢卷成玫瑰花形状（图 4-1-31）。

（四）苹果

❶ **切法一**

（1）用水果雕刀在苹果的 1/3 处切开（图 4-1-32）。

（2）用水果雕刀将苹果平行切成薄皮（图 4-1-33）。

（3）将切好的苹果薄皮展开，呈扇状（图 4-1-34）。

图 4-1-27

图 4-1-28

图 4-1-29

图 4-1-30

图 4-1-31

图 4-1-32

图 4-1-33

图 4-1-34

❷ 切法二

（1）苹果洗净（图 4-1-35）。

（2）用水果雕刀将苹果内侧削成 V 字形（图 4-1-36）。

（3）用水果雕刀从苹果内侧依次放大 V 字形（图 4-1-37）。

图 4-1-35

图 4-1-36

图 4-1-37

（4）以此类推，越来越大（图 4-1-38）。

（5）从大到小叠起来，然后向上推动，呈现梯形（图 4-1-39）。

（6）将切好的苹果取出，从 1/2 处切开，将切开的部分向两边推开，呈阶梯状（图 4-1-40）。

图 4-1-38

图 4-1-39

图 4-1-40

（五）奇异果

❶ 切法一

（1）奇异果洗净，削皮（图 4-1-41）。

（2）用水果雕刀斜插入奇异果中部偏上位置，切出一圈 V 字形。切完后用手指将两边分开（图 4-1-42）。

❷ 切法二

（1）奇异果削皮，在奇异果竖方向上切成一圈 V 字形（图 4-1-43）。

（2）然后切成薄片（图 4-1-44）。

图 4-1-41

图 4-1-42

图 4-1-43

❸ 切法三

（1）奇异果去皮，从中一分为二，切成薄片，用于蛋糕装饰（图 4-1-45）。

（2）奇异果去皮，从中一分为二，切成块状（图 4-1-46）。

图 4-1-44

图 4-1-45

图 4-1-46

（六）火龙果

❶ 切法一

（1）取出火龙果（图 4-1-47）。

（2）用水果雕刀将火龙果切成两半（图 4-1-48）。

（3）用挖球器在切开的火龙果肉上转出圆球（图 4-1-49）。

图 4-1-47　　　　　　　　　图 4-1-48　　　　　　　　　图 4-1-49

❷ 切法二

（1）将火龙果削皮，切成一个三角形（图 4-1-50）。

（2）将火龙果切成片状即可（图 4-1-51）。

（七）提子

❶ 切法一

（1）用水果雕刀斜插入提子中部偏上位置，切出一圈 V 字形（图 4-1-52）。

（2）切完后用手指将两边分开（图 4-1-53）。

图 4-1-50　　　　　　　　　图 4-1-51　　　　　　　　　图 4-1-52

❷ 方法二

（1）用水果雕刀将提子表面平均分为 8 份（图 4-1-54）。

（2）然后用水果雕刀贴着表皮慢慢切开（图 4-1-55）。

（3）成品图（图 4-1-56）。

用水果雕刀斜切提子（图 4-1-57）。

图 4-1-53　　　　　　　　　图 4-1-54　　　　　　　　　图 4-1-55

图 4-1-56

图 4-1-57

项目二

蛋糕装饰基础工艺

蛋糕装饰大
讲坛:蛋糕装
饰设计

4-2-0

项目描述

　　蛋糕装饰的方法很多,包括奶油装饰、巧克力装饰、翻糖工艺、糖艺等,在这个过程中需要运用构图、色彩搭配等技巧,才能完成有审美意义的艺术作品。

项目目标

　　学会制作蛋糕装饰。

任务一　奶油装饰基础

视频:整体蛋
糕的制作

任务描述

　　蛋糕装饰,就是在表面涂抹鲜奶油或者进行创作,这一过程非常重要,它决定了整个蛋糕的造型及其主题。

任务导入

　　本任务学习蛋糕装饰制作过程。

任务目标

　　通过学习能更清楚地了解手法和操作技巧。

任务实施

一、蛋糕抹面、夹心技巧

（一）蛋糕坯的配方

	原料	烘焙百分比/（%）	重量/克
面糊部分	低筋粉	100	300
	发粉	1	3

Note

续表

	原料	烘焙百分比/(%)	重量/克
面糊部分	糖	40	120
	盐	1	3
	蛋黄	75	225
	奶水	30	90
	色拉油	30	90
蛋白部分	蛋白	150	450
	糖	85	255
	塔塔粉	1.5	4.5
总计		513.5	1540.5

（二）制作方法

（1）提前把低筋粉、发粉混合过筛，提前开好烤炉，温度为 160～180 ℃。

（2）模具洗干净、烘干，不刷油，不垫纸。

（3）将低筋粉、发粉、糖、盐加入大不锈钢盆，用手工打蛋器搅拌均匀。

（4）按顺序加入色拉油、蛋黄、奶水，用手工打蛋器搅拌至均匀细滑。

（5）将蛋白部分的蛋白、塔塔粉加入干净的搅拌缸中，用搅拌球中速搅拌至湿性起泡。

（6）加入糖，继续中速搅拌至干性起泡。

（7）取 1/3 蛋白糊加入面糊部分拌匀，再倒回到剩余的蛋白糊中，搅拌至均匀细滑。

（8）装模，大约六成满。

（9）入炉烘烤，160/180 ℃，大约 30 分钟。

（10）出炉，冷却，脱模。

（三）鲜奶油的打发程度

（1）在搅拌缸里倒入鲜奶油（图 4-2-1）。

（2）中速搅拌至表面起气泡（图 4-2-2）。

（3）一直搅拌至干性起泡，表面纹路密集（图 4-2-3）。

（4）用搅拌球拉起来鸡尾有峰尖状（图 4-2-4）。

（四）蛋糕的抹面、夹心

（1）将蛋糕坯均匀地分为三等份（图 4-2-5）。

（2）在底层蛋糕坯上均匀地抹上鲜奶油（图 4-2-6）。

（3）将水果均匀地抹在鲜奶油上（图 4-2-7）。

（4）将另一份蛋糕坯铺在水果上再抹上鲜奶油（图 4-2-8）。

（5）以此类推，将鲜奶油铺在蛋糕坯上（图 4-2-9）。

（6）将蛋糕坯体周围均匀地抹上鲜奶油（图 4-2-10）。

（7）用刮刀刮出纹路（图 4-2-11）。

（8）让蛋糕表面尽量做到没有粗糙点（图 4-2-12）。

（五）淋果膏的手法

（1）在蛋糕顶部挤上果膏（图 4-2-13）。

（2）挤至整个蛋糕高度的 2/3（图 4-2-14）。

（3）用抹刀将蛋糕由顶部到底部的果膏抹平，蛋糕底部多余果膏抹掉即可（图 4-2-15）。

图 4-2-1 　　　　　　 图 4-2-2 　　　　　　 图 4-2-3

图 4-2-4 　　　　　　 图 4-2-5 　　　　　　 图 4-2-6

图 4-2-7 　　　　　　 图 4-2-8 　　　　　　 图 4-2-9

二、蛋糕装饰的处理

(一)文字的表达方式

在制作蛋糕时都会有一个主题或者表达一种情感,这往往需要用一定形式来表达,而文字能起到画龙点睛的作用,因此有人把蛋糕上的文字比喻为人的眼睛(图 4-2-16)。

(1)插牌:在很早之前蛋糕中应用的插牌多为塑料制成,都属于非食品级别,存在很大的食品安全隐患,随着人们食品安全意识的增强,现在多采用巧克力制成的标牌,既安全又漂亮(图 4-2-17)。

(2)直接写在蛋糕上:有些裱花师喜欢将文字直接写在蛋糕上,这也是目前最常用的表达方法。

图 4-2-10　　　　　　　　　　图 4-2-11　　　　　　　　　　图 4-2-12

图 4-2-13　　　　　　　　　　图 4-2-14　　　　　　　　　　图 4-2-15

（3）蛋糕裱花师不可避免地需要在蛋糕上书写相关文字，这样既能让蛋糕作品主题突出，又能为客人写上祝福词语表达其心意。图 4-2-18 是一些蛋糕上常用的文字。

图 4-2-16　　　　　　　　　　图 4-2-17　　　　　　　　　　图 4-2-18

（二）花边的制作

（1）挤时先将花嘴以 45°角轻触表面，然后握住挤花袋的右手施力握紧，再将右手稍微提高，将挤出的线条拉起，绕两圈后，由左而右挤出，右手施力要平均，以避免中断（图 4-2-19）。

（2）将花嘴以 45°角轻触表面，然后右手握紧挤花袋施力挤压，按顺时针方向，手轻轻摆动，重复转圈挤出（图 4-2-20）。

（3）挤时将花嘴尖端轻触表面，右手握着挤花袋，一紧一松，一前一后，由左而右挤出（图 4-2-21）。

（4）将挤花袋垂直，花嘴轻触表面，然后，施力挤压，手势圆转即成（图 4-2-22）。

（5）挤的时候，将花嘴尖端向左前方施力挤出，配合握住挤花袋的右手，轻微向左一拉，再由末端，以 45°角前后方向，由左而右连续挤出（图 4-2-23）。

（6）挤的时候，将接合挤花袋的花嘴，以 45°角轻触表面，同时右手紧握挤花袋施力挤压，以上下摆动手，将花纹扩大挤出（图 4-2-24）。

（7）挤时将花嘴平放，嘴尖转向左前方约 45°，右手紧握住挤花袋施力挤压，同时顺着弧度摆动，手用力愈大,则挤出来的波浪纹就愈多,而且也更均匀(图4-2-25)。

(8) 挤时将花嘴平放,距离表面约0.3厘米,右手握住挤花袋,由左而右,施力挤压,美丽高雅的花纹自然就形成了(图4-2-26)。

(9) 挤时将花嘴平放,嘴尖转向左前方约45°,右手紧握住挤花袋施力挤压,同时顺着弧度摆动,用力越大,则挤出来的波浪纹就越多,而且也更均匀(图4-2-27)。

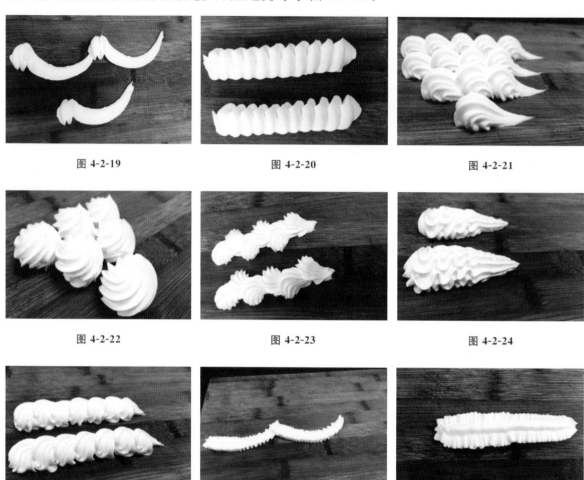

图 4-2-19   图 4-2-20   图 4-2-21

图 4-2-22   图 4-2-23   图 4-2-24

图 4-2-25   图 4-2-26   图 4-2-27

(10) 将花嘴轻触表面,然后将花嘴的出口右角处稍微提高,左角轻触表面,然后顺着弯曲挤出,下一个又顺着上一个的中间挤出(图4-2-28)。

(11) 图4-2-29的这种花纹只要将花嘴平放,尖端轻触表面即可。应将交叉接头处接好,接头不宜外露。

(12) 将花嘴以45°角轻触表面,然后右手握紧挤花袋施力挤压,顺时针方向,手势轻轻摆动,重复转圈地挤出(图4-2-30)。

由于花嘴的样式种类比较繁多,挤花手势又不尽相同,所以挤出来的花纹也是琳琅满目、种类繁多的,这里就不一一介绍了。除了简单的基本花纹外,还可以通过组合装饰技巧,使简陋的基本花纹,经过组合变化后,呈现出五彩缤纷的世界。

(三) 各种花朵的制作

❶ 玫瑰花

(1) 花嘴紧贴裱花棒顶端成30°角(图4-2-31)。

视频:各种花
朵的制作

图 4-2-28

图 4-2-29

图 4-2-30

（2）边转动裱花棒边挤奶油，由下向上再向下一次性包紧花心（图 4-2-32）。

（3）在第一片的中间位置，转动裱花棒再挤上奶油将第一瓣包起来（图 4-2-33）。

（4）接下来的每一步都是在前一片的 1/2 处起步（图 4-2-34）。

（5）挤到接近 7 瓣的时候将最后一层包圆，可见花瓣为三四层（图 4-2-35）。

（6）完整的玫瑰花（图 4-2-36）。

图 4-2-31

图 4-2-32

图 4-2-33

图 4-2-34

图 4-2-35

图 4-2-36

❷ 康乃馨

（1）米托底部涂满奶油，小弧度抖绕出花瓣，花嘴根部点在米托中间点（图 4-2-37）。

（2）花瓣要自然弯曲，靠花嘴自身的形状快速挤出花瓣，挤出花中心（图 4-2-38）。

图 4-2-37

图 4-2-38

（3）注意每一层花瓣要在交接处抖绕，花心不要凸起，要保持在一条水平线上（图 4-2-39）。

（4）渐渐花瓣向下抖绕，整体弧度凸出（图4-2-40）。

（5）成品（图4-2-41）。

❸ 牡丹花

（1）取一个大米托在中间挤平奶油（图4-2-42）。

（2）用大直嘴在米托上方1/3处，以倾斜30°角上下随意抖动的手法抖出第一层（图4-2-43）。

（3）以同样手法挤出第二层，注意要对应第一层花瓣（图4-2-44）。

（4）以同样手法挤出第三层，注意要对应第二层花瓣（图4-2-45）。

（5）挤出花心，拔出立体的花蕊（图4-2-46）。

（6）成品（图4-2-47）。

图4-2-39

图4-2-40

图4-2-41

图4-2-42

图4-2-43

图4-2-44

图4-2-45

图4-2-46

图4-2-47

❹ 百合花

（1）用特殊花卉花嘴单齿向上，由米托嘴深处向外拔出第一层花瓣（图4-2-48）。

（2）以此类推，百合花基本完成（图4-2-49）。

（3）最后喷粉上色，点缀花心（图4-2-50）。

❺ 向日葵

（1）在米托的底端挤上一个小圆球（图4-2-51）。

（2）以小圆球为中心点在米托边上挤上花瓣（图4-2-52）。

（3）在第一层的基础上，两瓣之间拔出第二层，角度也随之改变为30°（图4-2-53）。

（4）最后在花盘上挤上笑脸即可（图4-2-54）。

图 4-2-48

图 4-2-49

图 4-2-50

图 4-2-51

图 4-2-52

图 4-2-53

图 4-2-54

三、十二生肖的制作

视频：十二生肖的制作

（一）鼠

①　制作方法

（1）先在纸板上用圆形花嘴画出老鼠的尾巴（图 4-2-55）。

（2）挤出老鼠的右后腿，同时倾斜挤出臀部，再挤出身体（图 4-2-56）。

（3）从左边用圆形花嘴插入老鼠臀部，挤出老鼠的左后腿并向前推（图 4-2-57）。

（4）在老鼠胸的前端两侧挤出两条前腿，并向上拉起（图 4-2-58）。

（5）在身体顶部挤出老鼠的头（图 4-2-59）。

（6）挤出头部的同时向前拉出尖端，接着整理老鼠的面部（图 4-2-60）。

（7）换成小一点的裱花袋直接剪口反复画出老鼠的耳朵（图 4-2-61）。

（8）画出老鼠的胡须；用巧克力果膏勾勒出老鼠的耳朵和眼睛以及脚趾（图 4-2-62）。

②　成品　见图 4-2-63。

（二）牛

①　制作方法

（1）花嘴倾斜，在碟子上挤出牛的身体（图 4-2-64）。

（2）将花嘴从身体臀部侧面插入，挤出一条大腿（图4-2-65）。

（3）在胸前的两端，分别挤出两条腿（图4-2-66）。

图 4-2-55　　　　　　　　图 4-2-56　　　　　　　　图 4-2-57

图 4-2-58　　　　　　　　图 4-2-59　　　　　　　　图 4-2-60

图 4-2-61　　　　　　　　图 4-2-62　　　　　　　　图 4-2-63

图 4-2-64　　　　　　　　图 4-2-65　　　　　　　　图 4-2-66

（4）圆嘴倾斜插入前胸，带出牛的颈部，继续先前拉伸出头部，在头部两侧做出一对柳叶形耳朵（图 4-2-67）。

（5）从臀部后面插入，挤出尾巴，然后在牛背上挤出脊梁，再用喷粉上色（图 4-2-68）。

（6）用褐色奶油挤出牛角，再用黑巧克力裱出五官（图 4-2-69）。

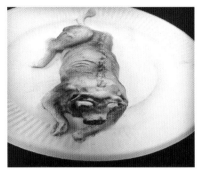

图 4-2-67

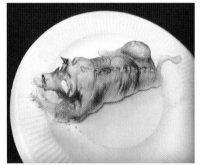

图 4-2-68

图 4-2-69

❷ **成品**　见图 4-2-70。

（三）老虎

❶ **制作方法**

（1）花嘴倾斜，在碟子上挤出老虎的身体（图 4-2-71）。

（2）在前胸两侧前方，由粗到细分别挤出左右前臂，在臀部两侧向上、向后拉出两条后腿（图 4-2-72）。

（3）在臀部后方拉出 S 形的尾巴（图 4-2-73）。

（4）圆嘴倾斜插入前胸，带出老虎的颈部，继续先前拉伸出头部，在头部两侧做出一对半圆形耳朵，在脸部挤出鼻梁和嘴巴（图 4-2-74）。

（5）在老虎背上挤出脊梁，再喷粉上色，挤出胡须（图 4-2-75）。

（6）用黑巧克力在老虎身上画出纹路（图 4-2-76）。

图 4-2-70

图 4-2-71

图 4-2-73

图 4-2-74

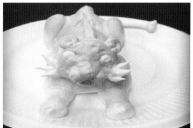

图 4-2-75

图 4-2-76

（7）用黑巧克力在老虎脸部画出五官轮廓，挤上舌头（图4-2-77）。

（8）用白色奶油在老虎的四肢上挤出爪子（图4-2-78）。

❷ 成品 见图4-2-79。

（四）兔子

❶ 制作方法

（1）花嘴倾斜，在碟子上挤出兔子的身体（图4-2-80）。

（2）在身体底下两侧插入花嘴，挤出两条腿（图4-2-81）。

（3）在身体两侧插入花嘴，挤出两条手臂（图4-2-82）。

（4）在身体顶部插入花嘴挤出头部（图4-2-83）。

（5）在头部顶端用细裱花嘴挤出两个兔耳朵（图4-2-84）。

（6）用白色奶油在脸部挤出眼睛、鼻子、嘴巴、胡须（图4-2-85）。

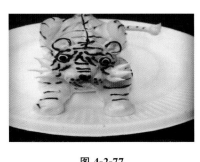

图 4-2-77　　　　　　　图 4-2-78　　　　　　　图 4-2-79

图 4-2-80　　　　　　　图 4-2-81　　　　　　　图 4-2-82

图 4-2-83　　　　　　　图 4-2-84　　　　　　　图 4-2-85

（7）用黑巧克力描绘出五官（图4-2-86）。

（8）最后拿红色果酱填充耳朵和嘴巴（图4-2-87）。

❷ 成品 见图4-2-88。

图 4-2-86　　　　　　　　　　图 4-2-87　　　　　　　　　　图 4-2-88

（五）龙

1 制作方法

（1）用圆形花嘴先打圈挤出龙盘踞的云朵形状（图 4-2-89）。

（2）用圆形花嘴在云朵上挤出龙的头部（图 4-2-90）。

（3）在头部垫上糯米托，在上面打横挤出龙的嘴部（图 4-2-91）。

（4）用黄色的奶油打圈画出龙的身体（图 4-2-92）。

（5）在龙的嘴部继续打横挤出鼻子（图 4-2-93）。

（6）挤出胡须（图 4-2-94）。

（7）挤出犄角（图 4-2-95）。

（8）挤出耳朵（图 4-2-96）。

2 成品　见图 4-2-97。

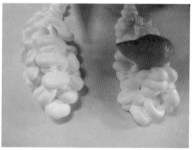

图 4-2-89　　　　　　　　　　图 4-2-90　　　　　　　　　　图 4-2-91

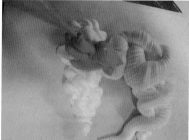

图 4-2-92　　　　　　　　　　图 4-2-93　　　　　　　　　　图 4-2-94

（六）蛇

1 制作方法

（1）花嘴倾斜，在碟子上挤出蛇的身体（图 4-2-98）。

图 4-2-95   图 4-2-96   图 4-2-97

（2）在臀部后方拉出 S 形的尾巴（图 4-2-99）。

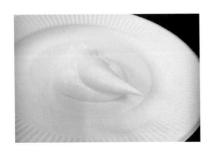

图 4-2-98   图 4-2-99

（3）用白色奶油细裱花嘴在头部挑出眼眶，在头部挑出嘴巴（图 4-2-100）。

（4）用黑巧克力在舌头描绘出五官，在头上、身上表现出体纹，并用红色奶油在嘴巴处做成蛇信子（图 4-2-101）。

❷ 成品   见图 4-2-102。

图 4-2-100   图 4-2-101   图 4-2-102

（七）马

❶ 制作方法

（1）花嘴倾斜，在碟子上挤出马的身体（图 4-2-103）。

（2）在前胸两侧前方，由粗到细分别挤出左右前腿，在臀部左侧向上、向后拉出后腿（图 4-2-104）。

（3）圆嘴倾斜插入前胸，带出马的颈部，继续拉伸出头部，在头部两侧做出一对柳叶形耳朵（图 4-2-105）。

（4）用褐色奶油在马的头部拔出鬃毛，在身体臀部用褐色奶油挤出 U 形马尾（图 4-2-106）。

（5）用白色奶油细裱花嘴挤出马脸部的轮廓，再用黑巧克力描绘出五官（图 4-2-107）。

❷ 成品   见图 4-2-108。

图 4-2-103

图 4-2-104

图 4-2-105

图 4-2-106

图 4-2-107

图 4-2-108

（八）羊

❶ 制作方法

（1）用圆形花嘴先挤出羊的右后腿（图 4-2-109）。

（2）在羊腿上慢慢向上、向前挤出羊的身体（图 4-2-110）。

（3）在羊身体的后方挤出左腿，同时向前拉出（图 4-2-111）。

（4）在羊身体前方向前挤出两条前腿（图 4-2-112）。

（5）在身体最前方向上拉出羊的脖子和头部（图 4-2-113）。

（6）在羊的头部换上小花嘴挤出羊的耳朵（图 4-2-114）。

图 4-2-109

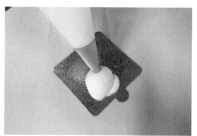

图 4-2-110

图 4-2-111

图 4-2-112

图 4-2-113

图 4-2-114

（7）用灰色奶油在头顶勾勒出羊角形状（图4-2-115）。

（8）用巧克力果膏挤出面部的五官以及脚趾（图4-2-116）。

❷ 成品　见图4-2-117。

图 4-2-115　　　　　　　　图 4-2-116　　　　　　　　图 4-2-117

（九）猴子

❶ 制作方法

（1）花嘴倾斜，在碟子上挤出猴子的身体（图4-2-118）。

（2）将花嘴从身体臀部左侧插入，先前挤出大腿，再在胸前两端，分别挤出两条手臂（图4-2-119）。

（3）在身体臀部挤出一条尾巴（图4-2-120）。

（4）用红色奶油插入猴子头部，挤出脸部、鼻子和耳朵（图4-2-121）。

（5）在猴子的四肢上挤出爪子（图4-2-122）。

（6）用白色奶油细裱花嘴挤出猴子的眼睛，再用黑巧克力描绘出五官（图4-2-123）。

图 4-2-118　　　　　　　　图 4-2-119　　　　　　　　图 4-2-120

图 4-2-121　　　　　　　　图 4-2-122　　　　　　　　图 4-2-123

❷ 成品　见图4-2-124。

（十）鸡

❶ 制作方法

（1）先用圆形花嘴挤出鸡的身体，同时鸡尾巴拉尖（图4-2-125）。

（2）在鸡身两边挤出鸡的翅膀（图4-2-126）。

图 4-2-124

（3）换成小的裱花袋直接剪开，用红色的奶油拉出鸡的尾巴（图 4-2-127）。

（4）继续相同的办法拉出鸡的翅膀（图 4-2-128）。

（5）在身体上嘴前方，挤出鸡头（图 4-2-129）。

（6）在身体底部挤出两只鸡脚，同时用黄色奶油挤出脚趾（图 4-2-130）。

（7）在鸡头顶部用黄色的奶油挤出鸡冠（图 4-2-131）。

（8）用黑色的巧克力果膏勾出鸡的眼睛（图 4-2-132）。

❷ **成品**　见图 4-2-133。

图 4-2-125

图 4-2-126

图 4-2-127

图 4-2-128

图 4-2-129

图 4-2-130

图 4-2-131

图 4-2-132

图 4-2-133

（十一）狗

1 制作方法

（1）用圆花嘴挤出狗的前腿和右后腿（图 4-2-134）。

（2）在腿的上部挤出狗的身体，前部稍微向上提起（图 4-2-135）。

（3）挤出最后一条腿，同时向前推进（图 4-2-136）。

（4）在头部一端挤出狗的一只耳朵（图 4-2-137）。

（5）挤出狗的另一只耳朵（图 4-2-138）。

（6）换成小的裱花袋直接剪口在面部挤出稍高的一些奶油，作为脸颊、眉毛（图 4-2-139）。

（7）继续挤出凸起或凹陷，作为鼻子和嘴巴（图 4-2-140）。

（8）用巧克力果膏勾勒耳朵边缘、眼睛、鼻子、嘴巴以及脚趾（图 4-2-141）。

2 成品 见图 4-2-142。

图 4-2-134

图 4-2-135

图 4-2-136

图 4-2-137

图 4-2-138

图 4-2-139

图 4-2-140

图 4-2-141

图 4-2-142

（十二）猪

1 制作方法

（1）用圆形裱花嘴挤出立体的猪身体（图 4-2-143）。

（2）在身体底部和中部挤出猪的四肢（图 4-2-144）。

（3）在身体顶部用圆形花嘴挤出猪的头部（图 4-2-145）。

（4）换稍小的裱花袋直接剪口在面部稍微挤出凸起，作为脸颊和额头（图 4-2-146）。

（5）用较小的裱花袋剪口在耳朵部位拉出尖尖的猪耳朵形状（图 4-2-147）。

（6）如此反复勾勒出两边猪耳朵的形状（图 4-2-148）。

（7）用巧克力果膏在猪耳朵外部勾勒出外廓形状，勾勒出眼睛、嘴巴和鼻子（图 4-2-149）。

（8）用巧克力果膏在四肢末端勾勒出脚趾形状（图 4-2-150）。

❷ **成品**　　见图 4-2-151。

图 4-2-143

图 4-2-144

图 4-2-145

图 4-2-146

图 4-2-147

图 4-2-148

图 4-2-149

图 4-2-150

图 4-2-151

任务二　巧克力装饰配件的制作

视频：巧克力
的运用

任务描述

巧克力是 chocolate 的译音（又被译为"朱古力"），有人说它是天赐的美味，带给我们情感和健康。

任务导入

在沐浴爱河的人们心中,巧克力被誉为"浓情巧克力",它和玫瑰花相配是情人节珍贵的礼物。巧克力的甜蜜温馨就如同荡漾在恋人心中的甜蜜感觉。

任务目标

学习制作巧克力。

任务实施

一、线条式巧克力

(1)把熔化好的巧克力装入裱花袋里。

(2)挤线时要先把玻璃纸下面沾上水,抹平。

(3)画上想要的线条,巧克力凝固后就可以拿起来用了(图4-2-152)。

二、在转印纸上制作巧克力

巧克力转印纸是一种油性的材料,图案有很多种。

图 4-2-152

(1)先将转印纸反面朝上,平铺在大理石表面上,巧克力放在一边。

(2)用抹刀将巧克力均匀地抹平在表面。

(3)巧克力略微凝固后,用压膜在表面压出纹路,送入冷冻柜冷冻3分钟。

(4)脱模时,将转印纸往外揭开即可。

三、扇形巧克力

(1)将巧克力抹在大理石板上,反复抹干。

(2)将多余的巧克力用铲刀去除。

(3)用食指压着铲刀三分之一处,将铲刀与大理石面成35°角,用力铲出(图4-2-153至图4-2-155)。

图 4-2-153

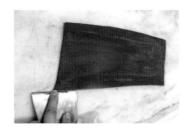

图 4-2-154

图 4-2-155

四、巧克力棍

（1）巧克力抹在大理石板上，反复抹干。

（2）将多余的巧克力用铲刀去除（图 4-2-156，图 4-2-157）。

（3）用特殊刮板在巧克力上刮出纹路（图 4-2-158，图 4-2-159）。

（4）在刮出纹路的黑巧克力上淋上一层白巧克力（图 4-2-160）。

（5）反复抹干、抹薄（图 4-2-161）。

（6）将多余的巧克力用铲刀去除（图 4-2-162）。

（7）将铲刀与巧克力面成 35°角，宽度约 2 cm，用力铲出（图 4-2-163，图 4-2-164）。

图 4-2-156

图 4-2-158

图 4-2-157

图 4-2-159

图 4-2-160

图 4-2-161

图 4-2-162

图 4-2-163

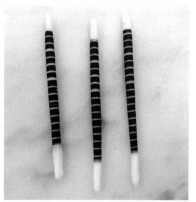

图 4-2-164

五、巧克力弹簧

（1）黑巧克力切碎，隔水熔化（图 4-2-165）。

（2）放上塑料片，巧克力抹在大理石板上，反复抹干（图 4-2-166）。

（3）用三角刮在已经抹上巧克力的塑料片上刮出条纹（图 4-2-167）。

（4）取出已经刮好纹路的塑料片（图 4-2-168）。

（5）全切好后放入卷筒，并放在冰箱冷冻 5 分钟（图 4-2-169，图 4-2-170）。

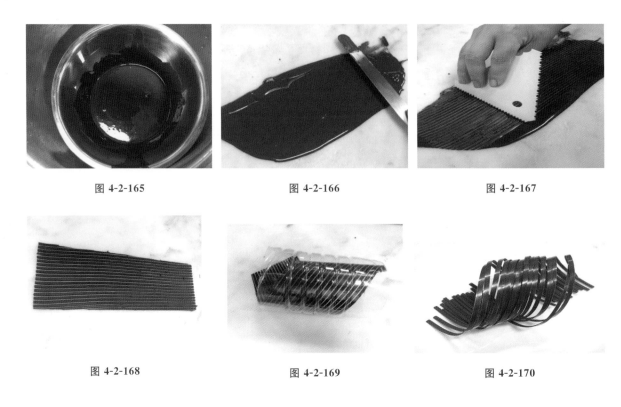

图 4-2-165　　　　　　　　　　图 4-2-166　　　　　　　　　　图 4-2-167

图 4-2-168　　　　　　　　　　图 4-2-169　　　　　　　　　　图 4-2-170

任务三　翻糖蛋糕基础

相关知识：常
吃适量巧克
力的好处

任务描述

　　翻糖是"fondant"的音译，常用于蛋糕和西点的表面装饰，翻糖蛋糕是一种工艺性很强的蛋糕，它不同于我们平时所吃的奶油蛋糕，它以翻糖为主要原料代替常见的鲜奶油，覆盖在蛋糕体上，再以各种糖塑造的花朵、动物等进行装饰，做出来的蛋糕如同装饰品一般精致、华丽。

任务导入

　　由于翻糖蛋糕比鲜奶油装饰的蛋糕保存时间长，而且立体感强，漂亮，容易成形，在造型上发挥空间比较大，所以是国外最流行的一种蛋糕，也是婚礼和纪念日时最常使用的蛋糕。

任务目标

　　了解翻糖蛋糕的历史，学习翻糖蛋糕的基础制作方法。

一、翻糖蛋糕的制作工艺

❶ **配方** 鱼胶片 9 克、冰水 56 克、麦芽糖 168 克、糖粉 700 克。

❷ **制作方法**

(1) 将鱼胶片用冰水浸泡 5 分钟后,隔水加热成为液体。

(2) 将麦芽糖也隔水加热成为液体,并与上一步得到的液体混合。

(3) 取一个容器,加入过筛好的糖粉,慢慢加入上一步得到的液体中,搅拌混合。

(4) 用保鲜膜包住,放入密封的袋子或盒子中。

二、翻糖的应用

翻糖蛋糕(图 4-2-171 至图 4-2-173)是源自英国的艺术蛋糕,现在是美国人极喜爱的蛋糕装饰手法。延展性极佳的翻糖可以塑造出各式各样的造型,并将精细特色完美地展现出来,造型的艺术性无可比拟,充分体现了个性与艺术的完美结合,因此成了当今蛋糕装饰的主流。

图 4-2-171   图 4-2-172   图 4-2-173

翻糖蛋糕凭借其豪华精美以及别具一格的时尚元素,除了被用于婚宴,还被广泛使用于纪念日、生日、庆典,甚至是朋友之间的礼品互赠。

由于翻糖蛋糕用料以及制作工艺与众不同,其可塑性是普通的鲜奶油蛋糕所无法比拟的,所以各种立体造型,都能通过翻糖工艺在蛋糕上一一实现。

翻糖蛋糕的表面是一层糖皮,所以糕体不能用传统的戚风蛋糕制作,而是用黄油蛋糕,另加朗姆酒、黄油、牛油、板栗、杏仁等。

翻糖蛋糕特殊的材料和工艺使其制作成本高,仅限于部分高端的消费市场。

翻糖蛋糕按作品风格可分为艺术花卉蛋糕及卡通蛋糕两种,其中花卉蛋糕更能表现出翻糖蛋糕的特色:颜色亮丽、风格多变、层次分明,仿真程度高。

通常制作的翻糖蛋糕都是用专业的翻糖工具完成的,基础的翻糖工具有翻糖防粘分割轮、翻糖防粘擀面杖、翻糖基础套装工具、翻糖造型花垫、翻糖整平器。

由于翻糖蛋糕的外部装饰全部是由手工制作的,所以其售价是普通奶油蛋糕的数倍。目前在国内还没有流行开来。但是,随着烘焙热在国内的盛行,很多超级烘焙能手已经跃跃欲试开始尝试制作翻糖蛋糕了。

三、翻糖蛋糕的几种材料

❶ 翻糖糖糕 价格较便宜,质地比较软,一般用来做覆盖蛋糕的糖皮。

❷ 干佩斯 价格较贵,质地稍硬,容易造型,适合制作精致花卉。

❸ 塑性翻糖(造型翻糖) 结实,稍微有弹性,干燥后的成品非常坚硬牢固,常用来制作各种小动物、人物、器具造型。

❹ 蛋白糖霜 又称为美式糖花,用于蛋糕裱花比鲜奶油裱花坚固,保存时间较长,视觉价值大于食用价值。

四、翻糖蛋糕的造型

❶ 翻糖坯的形状分类

(1)几何形:常见的有圆形、正方形、三角形,除此之外还有多边形。

(2)抽象形:常见的有斜坡形、不规则几何图形。

(3)具象形:常见的有小汽车、女生的提包、高跟鞋等。

❷ 翻糖蛋糕常用的造型装饰 有花卉、线条、丝带、体块、台布等几种,每种造型给人的感觉是不一样的。

翻糖蛋糕以国家和地域风格分类,大致可以分为英式翻糖蛋糕和美式翻糖蛋糕两种,特点如下。

(1)英式翻糖蛋糕:简单大方,典雅为主,颜色较淡。

(2)美式翻糖蛋糕:颜色丰富,蛋糕创意复杂,喜欢变化蛋糕坯的形状,节日气息更为浓烈(图 4-2-174)。

图 4-2-174

相关知识:翻糖的由来

任务四 糖艺

➡ **任务描述**

Note

糖艺在中、西餐中应用很广,对菜肴、西点的发展起到画龙点睛的作用。更在大型展台组合装饰中充分体现出糖的亮度和造型的艺术美,它的颜色丰富多彩,鲜艳夺目,表面透着一种金属般的光泽,给人以全新的视觉感受,并从中体验食品艺术的味觉享受。

任务导入

传统食品雕刻的弊端已逐渐显露,不仅难度高,操作复杂不易学会,而且容易腐烂变质,不易保存。而糖艺作品不仅颜色丰富,而且制作简单,容易保存,这些特点都是果蔬雕刻无法比拟的。

任务目标

学习基础糖艺制作。

任务实施

一、配方

拉糖(糖熬制法)的配方如下表。

原料	重量/克
糖	100 克
水	410 克
醋	适量

二、制作过程

(1)在锅中加入糖和水,加入水以后要搅拌均匀,使糖充分溶解,搅拌可以达到防止煳底的目的。

(2)当糖液沸腾后,加入醋,继续加热。

(3)锅壁上往往粘有少量糖颗粒,用干净的小勺沿锅壁刮出,当糖液沸腾后表面有很多白色的浮沫,要用刷子刷走,刮浮沫时要先准备水。

(4)在清洁完较多的浮沫后,还会有许多的气泡,这时要用小勺继续清理。

(5)当温度接近 135 ℃左右时,气泡变小而且细密,这时立即停止加热。

将糖稀慢慢倒入不粘垫上,放凉,当糖稀可以脱离不粘垫时,戴上橡胶手套,从周边卷起并且不断翻动,使糖体降温。糖块的温度降低后用剪刀剪开,整理形状,冷却后用真空包装机抽真空密封。

任务评价

糖艺作品颜色丰富,容易保存,并且符合相关卫生标准,它不仅可以用来装饰西点,如生日蛋糕、慕斯蛋糕,还可以用来做展台。

在发达国家和高级酒店,糖艺作品和巧克力作品搭配使用,构成在西餐、西点装饰中最完美的组合。因为中国的现代糖艺主要从西方引进,所以我们看到的糖艺作品,多多少少都带有西方文化的印记,而中国人的审美习惯是讲究装饰性,注意形式美。例如,同样是新婚酒宴,在国外的餐桌上大多是用糖、巧克力做的身穿婚纱的一对小糖人,营造出浪漫典雅的气息,而在中国的餐桌上则多以龙

相关知识:糖艺的发展历史

模块四
同步测试

凤、鸳鸯、天鹅作为装饰来表达吉祥的祝愿。

中国饮食文化重要的内容是菜肴,只有将糖艺与中国的菜肴相结合,将糖艺作品改造成具有东方情调、适合中国人欣赏的艺术品,糖艺才能在中国推广和普及。传统食品雕刻的弊端已逐渐显露,不仅难度高,操作复杂不易学会,而且容易腐烂变质,不易保存,而糖艺作品不仅颜色丰富,而且制作简单,容易保存,这些特点都是果蔬雕刻无法比拟的。

鉴于糖艺作品简单易学,食用性、观赏性、艺术性都强,在高档酒店里,糖艺菜肴围边的出现会渐渐淡化果蔬雕刻菜肴围边,也许在不久的将来,果蔬雕刻菜肴围边会逐渐被精巧实用的糖艺所取代。

模块五

欧式甜点制作

欧式蛋糕

项目描述

蛋糕,是用鸡蛋做出来的糕点,在蛋糕的基础上加入其他元素,称为甜点。

甜点是治疗抑郁、放松心情的"灵丹妙药",大多人在犒劳自己的时候喜欢来一点甜点。本项目主要介绍巧克力布朗尼、黑森林蛋糕、熔岩巧克力蛋糕的制作。

项目目标

学习欧式蛋糕的制作。

任务一 巧克力布朗尼

任务描述

布朗尼是美国一种很普通的家庭点心,布朗尼的口感介于饼干和蛋糕之间,有些人将它归为饼干类,它有像蛋糕般绵软的内心和巧克力曲奇那样松脆的外表。它既有乳脂软糖的甜腻,又有蛋糕的松软。布朗尼可以有多种样式。布朗尼的原料通常包括坚果、霜状白糖、生奶油、巧克力等。

任务导入

在美国,布朗尼是常见的午餐,通常直接用手抓取食用,并配以咖啡、牛奶。制作布朗尼可以在表面覆盖冰激凌、生奶油、杏仁糖或撒上霜状白糖等。布朗尼在餐馆里尤为常见,并由此演变出多种甜点。

任务目标

巧克力布朗尼的制作。

任务实施

一、配方

原料	烘焙百分比/(%)	重量/克
鸡蛋	50	300

续表

原料	烘焙百分比/(%)	重量/克
细砂糖	65	375
牛油	45	250
巧克力	100	575
盐	1	5
泡打粉	2	10
低筋粉	35	200
核桃仁	45	250

二、制作方法

（1）将巧克力与奶油混合，隔水加热至 50 ℃ 至熔化状态，稍加搅拌（图 5-1-1）。

（2）将鸡蛋、细砂糖和盐拌匀，加入熔化好的巧克力奶油液（图 5-1-2）。

（3）低筋粉、泡打粉过筛，依次将筛后的低筋粉、泡打粉和 180 克核桃仁加入奶油液搅拌缸中并拌匀（图 5-1-3）。

（4）所有原料拌均匀后，就可以装入模具进行烘烤了，装入模具前，模具要提前垫上耐高温油纸（图 5-1-4）。

（5）装入模具中至八分满，在面糊表面再撒上 70 克左右的核桃仁，即可送入烤炉（图 5-1-5）。用上火190 ℃、下火 170 ℃ 的炉温，烘烤 15 分钟，降到上火 180 ℃、下火 160 ℃，20 分钟左右就可以出炉。

任务评价

巧克力布朗尼是一种非常可口的巧克力甜点，口感绵密，醇香浓郁，既有核桃仁的香脆又有浓郁的巧克力味（图 5-1-6）。

图 5-1-1

图 5-1-2

图 5-1-3

图 5-1-4

图 5-1-5

图 5-1-6

相关知识：布朗尼

视频：黑森林
蛋糕

任务二　黑森林蛋糕

任务描述

黑森林蛋糕（schwarzwalder kirschtorte）是德国著名甜点，制作原料主要有脆饼面团（底托）、鲜奶油、樱桃酒等，是受德国法律保护的甜点之一，在德文里全名为"schwarzwaelder"，意为黑森林。它融合了樱桃的酸、奶油的甜、樱桃酒的醇香。

任务导入

正宗的黑森林蛋糕，巧克力相对比较少，它突出了樱桃酒和奶油的味道。

任务目标

学习黑森林蛋糕的制作。

任务实施

一、配方

	原料	烘焙百分比/（%）	重量/克
巧克力蛋糕体	鸡蛋	200	540
	糖	95	255
	低筋粉	100	270
	可可粉	11	30
	蛋糕油	10	27
	牛奶	28	75
	盐	1	3
	色拉油	22	60
巧克力奶油	巧克力	100	125
	鲜奶油	200	250
	樱桃酒	—	适量
糖浆	糖	100	200
	水	50	100
	樱桃酒	50	100

注：仅列主要原料。

二、制作方法

（一）巧克力蛋糕底制作方法

（1）将鸡蛋、糖、蛋糕油、盐、牛奶慢速拌匀。

（2）加入过筛好的低筋粉、可可粉，慢速搅拌均匀，再快速打发至湿性起泡，最后中速排气 1～2 分钟（图 5-1-7，图 5-1-8）。

（3）将加热的色拉油加入，轻轻拌匀（图 5-1-9）。

（4）倒入模具前，要提前将模具内层刷油，倒入八分满，送入烤箱烘烤，以 170 ℃ 炉温烘烤 30～40 分钟，出炉（图 5-1-10）。

（二）巧克力奶油制作方法

（1）将鲜奶油中速打发至湿性起泡阶段，将熔化好的巧克力，加到打发的鲜奶油中搅拌均匀（图 5-1-11）。

（2）最后加入樱桃酒拌匀备用（图 5-1-12）。

图 5-1-7

图 5-1-8

图 5-1-9

图 5-1-10

图 5-1-11

图 5-1-12

（三）糖浆的制作方法

（1）将糖加入水中，熬至糖充分溶解放置室温下晾凉。

（2）糖水晾凉后加入樱桃酒。

（四）黑森林蛋糕的成形组合

（1）将晾凉的蛋糕脱模，横切成三等份，先取一片刷上一层糖浆，再铺上巧克力奶油和酒渍樱桃（图 5-1-13，图 5-1-14）。

（2）用抹刀将巧克力片均匀地装饰在蛋糕的表面和侧面，再装饰（图 5-1-15）。

图 5-1-13

图 5-1-14

图 5-1-15

→ 任务评价

位于德国西南方的黑森林是旅游胜地,当地盛产樱桃。每当樱桃丰收时,当地居民就用樱桃制作蛋糕,于是有了黑森林蛋糕。黑森林蛋糕是巧克力与樱桃的完美结合,并有浓浓的酒香味(图 5-1-16)。

图 5-1-16

任务三 心太软

→ 任务描述

熔岩巧克力蛋糕,美国别名"小蛋糕",我国香港别名"心太软",是一道法式甜点,即外皮硬脆、内夹醇美热巧克力浆的小型巧克力蛋糕,通常旁附一球体香草冰激凌。

→ 任务导入

其自 1990 年起兴起于纽约市各家餐馆,用优质面粉搭配香醇巧克力,黄金配比,细心烘焙,外层烤熟凝结成香浓绵软的海绵体蛋糕,内层巧克力仍呈流动状态,勺子舀开后汩汩而出,带着巧克力独有的香味,令人温暖迷醉。

→ 任务目标

学习心太软的制作。

→ 任务实施

一、配方

	原料	烘焙百分比/(%)	重量/克
蛋糕体	牛油	100	500
	黑巧克力	60	300

续表

	原料	烘焙百分比/（%）	重量/克
蛋糕体	白巧克力	40	200
	蛋黄	2	8
	鸡蛋	2	8
	糖	45	225
	低筋粉	18	80
巧克力馅	淡奶油	110	700
	黑巧克力	100	600
	白巧克力	35	200

二、制作方法

（一）巧克力馅

（1）把黑巧克力与白巧克力切碎（图 5-1-17）。

（2）把淡奶油加热倒入，使巧克力熔化（图 5-1-18）。

（3）搅拌，完成成品（图 5-1-19）。

图 5-1-17　　　　　　　　　　图 5-1-18　　　　　　　　　　图 5-1-19

（二）蛋糕体

（1）把黑巧克力和白巧克力切碎，并混合在一起。

（2）牛油加热后倒入，使巧克力熔化（图 5-1-20，图 5-1-21）。

（3）把蛋黄、鸡蛋、糖搅拌均匀倒入，混合拌匀（图 5-1-22）。

（4）低筋粉加入拌匀。

（5）蛋糕液体入模具一半满，再加入巧克力馅，最后倒入蛋糕液体至七成满（图 5-1-23）。

（6）入炉烘烤，上火 195 ℃，下火 180 ℃，烘烤 15 分钟出炉脱模。

图 5-1-20　　　　　　　　　　图 5-1-21　　　　　　　　　　图 5-1-22

图 5-1-23

图 5-1-24

→ 任务评价

该产品巧克力味道浓郁,体验两种不同的巧克力口感,搭配酸甜的橙汁,中和了巧克力的甜,是下午茶的首选(图 5-1-24)。

→ 注意事项

(1) 制作巧克力馅时要提前一天做好,把它冻在冰箱能够成为固体。

(2) 这款蛋糕的关键在于烤焙的温度和时间,需要使用高温快烤,以达到外部的蛋糕组织已经成形,但内部仍然是液态的效果。如果烤的时间过长,则内部凝固,吃的时候就不会有"熔岩"流出来的效果;如果烤的时间不够,外部组织不够坚固,可能出炉后蛋糕就"趴"下了。搅拌手法和掌控烤箱的时间与温度,是蛋糕成功与否的关键。蛋糕口感是第一位的,第二是层次感,其次才是视觉效果;但食客们第一感知是视觉,摆盘方面就要看大厨的艺术审美造诣了。

项目二

法式甜点

项目描述

　　法国一直以浪漫热情而闻名于世,满眼紫色的普罗旺斯,静静流淌的塞纳河,诉说着一个又一个浪漫动人的故事。法国另一个代表符号就是法国的甜点。甜点代表着甜美和爱情,这和法国人天性中的浪漫不谋而合,因此法国人对甜点有着一种特殊的偏爱,他们醉心于研究各种甜点,并在其中加入浪漫动人的元素,琳琅满目的法式甜点闪耀着精致诱人的光彩,让人不禁心生向往。

项目目标

　　学习了解法式甜点的制作。

视频:马卡龙

任务描述

　　"马卡龙"一词本是法语,实际发音较接近"马卡红"。"马卡龙"是使用西班牙语发音音译的结果。马卡龙又称作玛卡龙、法式小圆饼。

任务导入

　　马卡龙是一种用蛋白、杏仁粉、白砂糖和糖霜制作,并夹有水果酱或奶油的法式甜点。口感丰富,外脆内柔,外观五彩缤纷,精致小巧。

任务目标

　　学习马卡龙的制作。

任务实施

一、配方

	原料	烘焙百分比/（%）	重量/克
马卡龙面糊	杏仁粉	100	200
	糖粉	100	200
	蛋白	70	140
马卡龙夹心馅	糖粉	30	60
	白巧克力	100	200
	鲜奶油	40	80
	奶油	5	10

二、制作方法

（一）马卡龙面糊制作方法

（1）首先将杏仁粉、糖粉混合过筛备用，除去杂质。

（2）将蛋白打发到湿性起泡后，加入1/10量的糖粉继续打发。剩余的糖粉分2～3次加入，打到干性起泡的状态（图5-2-1）。

（3）再将过筛后的杏仁粉、糖粉混合倒入蛋白糊里。用软刮刀搅拌至面糊出现光泽（图5-2-2）。

（4）将面糊分三份倒入三个盆子里，分别用红色、绿色、黄色调色（图5-2-3）。

（5）再分别将面糊倒入装有圆形裱花嘴的裱花袋里，于耐高温胶布上挤出成扁圆形，表面干燥后在180 ℃烘烤约16分钟（图5-2-4）。

图 5-2-1

图 5-2-2

图 5-2-3

（二）马卡龙夹心馅的制作过程

（1）将奶油放置到室温，温度30 ℃左右备用。白巧克力切碎放入不锈钢盆中备用（图5-2-5）。

（2）鲜奶油放入盆中加热。

（3）待鲜奶油煮开沸腾后倒入白巧克力里。用软刮刀从中心点开始搅动使巧克力熔化。拌匀后，继续加入奶油搅拌均匀（图5-2-6）。

（4）把夹心馅挤入烤好的马卡龙上（图5-2-7）。

（5）再拿起另一块马卡龙，把两块粘合（图5-2-8）。

→ 任务评价

马卡龙外脆内软,有浓郁的杏仁味。理想的马卡龙应该表面平坦、干爽,内部有点粘连,旁边有裙边。马卡龙层次感分明,外酥内软。咬一口,首先尝到的是很薄但酥脆的外壳,接着是又软又绵密的内层。与奶油的质感不同,杏仁饼的韧劲将馅料撑起,又给软腻的馅料增加了嚼劲(图 5-2-9)。

图 5-2-4

图 5-2-5

图 5-2-6

图 5-2-7

图 5-2-8

图 5-2-9

相关知识:马卡龙

任务二 歌剧院蛋糕

视频:歌剧院蛋糕

→ 任务描述

作为法国百年蛋糕历史的见证者,歌剧院蛋糕外表普通却不失奢华,低调却又散发着独特的美。蛋糕体散发着杏仁的淡淡香气,配合巧克力的苦甜滋味,散开在舌尖上。

→ 任务导入

蛋糕的外形方方正正,乍看似乎不是典型的法国作派,但它内敛的外表感觉被一种富贵优雅的气场环绕着,独特的口感加上方方正正的造型,无时无刻不在俘获着人们的心。

→ 任务目标

学习制作歌剧院蛋糕。

一、配方

	原料	烘焙百分比/（%）	重量/克
杏仁蛋糕底	细砂糖	100	400
	蛋白	120	480
	低筋粉	50	200
	杏仁粉	100	400
	鸡蛋	150	600
	牛油	30	120
奶油霜	细砂糖	100	150
	蛋白	100	150
	水	40	55
	牛油	325	500
巧克力酱	巧克力	150	200
	动物性鲜奶油	100	135
	牛奶	30	30
糖液	细砂糖	300	300
	水	100	100
	咖啡酒	100	100
	咖啡粉	50	50
巧克力淋面	动物性鲜奶油	90	120
	细砂糖	100	142
	水	90	125
	可可粉	30	60
	鱼胶片	5	7.5

二、制作方法

（一）杏仁蛋糕底制作方法

（1）先将鸡蛋、杏仁粉、低筋粉拌至全发，颜色呈淡黄色（图 5-2-10）。

（2）蛋白用另一个搅拌缸中速打至起泡，再加入细砂糖高速打至湿性起泡阶段，慢速排气 1 分钟即可（图 5-2-11）。

（3）将以上打好的两种原料轻轻地混合在一起，拌匀（图 5-2-12）。

（4）加入熔化好的牛油拌匀即可入模（图 5-2-13）。

（5）装入模具大约七分满（图 5-2-14）。

（6）装好后用 180 ℃的炉温烤约 10 分钟（图 5-2-15）。

（二）奶油霜制作方法

（1）将水、细砂糖一起煮成 110 ℃的糖浆。蛋白中速打至起泡后，加入细砂糖继续打至湿性起

图 5-2-10

图 5-2-11

图 5-2-12

图 5-2-13

图 5-2-14

图 5-2-15

泡(图 5-2-16,图 5-2-17)。

（2）加入煮好的糖浆,搅拌成蛋白霜备用。

（3）牛油打发至颜色变为淡黄色。

（4）加入之前搅拌好的蛋白和糖水融合物,再搅拌均匀即可(图 5-2-18,图 5-2-19)。

（三）巧克力酱的制作方法

（1）首先将动物性鲜奶油、牛奶混合在一起加热(图 5-2-20)。

（2）巧克力切成小块后,倒入加热的鲜奶油、牛奶一起搅拌均匀(图 5-2-21)。

图 5-2-16

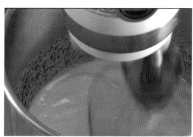

图 5-2-17

图 5-2-18

图 5-2-19

图 5-2-20

图 5-2-21

（四）糖液的制作方法

（1）把水和细砂糖先煮成糖水，再加入咖啡粉搅拌均匀（图5-2-22）。

（2）等到冷却后加入咖啡酒（图5-2-23）。

（五）巧克力淋面的制作方法

（1）将鱼胶片用冰水浸泡至软（图5-2-24）。

（2）水、细砂糖、动物性鲜奶油煮至沸腾（图5-2-25）。

（3）先加入过筛好的可可粉搅拌均匀，再加入泡软的鱼胶片，拌匀（图5-2-26，图5-2-27）。

（六）蛋糕的成形组合

（1）先将制作好的杏仁蛋糕底裁成所需要的大小（大约7片），在每片刷上糖液。

（2）第一片蛋糕铺上一层奶油霜，再放入第二片蛋糕，抹上一层巧克力酱，以此类推（图5-2-28）。

（3）自然冷冻凝固，在整个蛋糕表面均匀地淋上一层巧克力淋面即完成歌剧院蛋糕的制作（图5-2-29）。

（4）冷冻半小时，切成长7厘米、宽5厘米的长方形。然后用水果和巧克力装饰（图5-2-30）。

图5-2-22

图5-2-23

图5-2-24

图5-2-25

图5-2-26

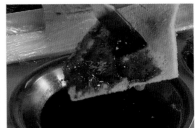

图5-2-27

图5-2-28

图5-2-29

图5-2-30

 任务评价

多层次造就丰富、绵密的口感，浓浓的咖啡味，这就是歌剧院蛋糕。

歌剧院蛋糕又名欧培拉（opera 的音译），由于形状方方正正，表面还淋有一层薄薄的巧克力，平滑的外表就像歌剧院中的舞台，多层次的味道更像是跳跃的音符（图 5-2-31）。

图 5-2-31

任务描述

舒芙蕾（法语：soufflé），名字来源于法语中一个动词 souffler 的过去分词，意为"使充气"或"蓬松地胀起来"。也有译作舒芙里、梳乎厘、沙勿来等名称的。

舒芙蕾可甜可咸，口感软糯，是很多女性朋友的挚爱，在舌尖上融化，仿佛爱恋中的小甜蜜。舒芙蕾主要由两个重要的部位组成：经过调味的蛋奶酱和打发的蛋白。

任务目标

学习制作舒芙蕾。

任务实施

一、配方

原料	烘焙百分比/（%）	重量/克
蛋白	100	100
糖	20	20
蛋黄	5	5
牛奶	15	1茶匙
低筋粉	15	1茶匙
香草香精	0	适量

注：仅列主要原料。

二、制作过程

（1）首先将蛋白冷藏 5 分钟，使蛋白容易打发和稳定。在舒芙蕾的杯子内壁扫上奶油后沾糖备用（图 5-2-32）。

（2）将牛奶和低筋粉混合拌匀后过筛，加入打散的蛋黄拌匀。面糊液过筛，除去颗粒（图 5-2-33）。

（3）将冷藏的蛋白用搅拌器打至起泡，加入糖，再继续打发至干性起泡。轻轻地加入蛋黄混合液和香草香精中，注意不可将蛋白气泡搅至消泡（图 5-2-34）。

（4）拌匀后将面糊倒入已扫油及沾糖的瓷杯中，装满瓷杯。放入烤炉烘烤，炉温控制在 170 ℃，烘烤时间约 18 分钟（图 5-2-35）。

（5）出炉后，在表面撒上糖粉，舒芙蕾就做好了（图 5-2-36，图 5-2-37）。

→ 任务评价

舒芙蕾是一种很松软类似蛋糕的甜点，但面糊却较蛋糕稀薄，必须趁热供应。一般是在西餐厅中作为餐后甜点食用。

舒芙蕾的制作关键点是，采用高温短时间烘烤，让蛋糕体快速膨胀。

图 5-2-32

图 5-2-34

图 5-2-33

图 5-2-35

图 5-2-36

图 5-2-37

相关知识：舒芙蕾

视频：拿破仑酥

任务四 拿破仑酥

→ 任务描述

拿破仑酥法文名意为"一千层酥皮"，所以它又被称为千层酥。拿破仑酥造价不菲，不但使用了繁杂的起酥工艺，而且酥皮之间的夹层丰富，不仅有鲜奶油，还有吉士酱。

任务导入

　　拿破仑酥的材料虽然简单,但是制法相当考验制作者的手艺。要将松化的酥皮夹上幼滑的吉士,同时又要保持酥皮干爽,以免影响香脆的口感。

任务目标

　　学习制作拿破仑酥。

任务实施

一、配方

	原料	烘焙百分比/(%)	重量/克
酥皮	高筋粉	70	500
	低筋粉	30	500
	盐	1	2
	水	53	240
	蛋	5	70
	起酥油	70	200
法式香草奶油	牛奶	600	500
	糖	100	85
	蛋	95	80
	吉士粉	70	60
	牛油	35	30
	香草条	—	半条
	装饰糖粉	—	适量

二、制作过程

（一）酥皮制作过程

（1）将高筋粉、低筋粉、水和蛋混合拌匀搅到"起劲",再用压面机压成长方形面块(图5-2-38)。

（2）面和起酥油的比例3∶1,开酥(3厘米×3厘米×4厘米),放进冰箱冷藏2小时左右(图5-2-39)。

（3）取出开好的酥皮,用压面机压至10厘米×20厘米,厚1毫米(图5-2-40)。

（4）用小刀在酥皮上戳小孔,然后切割为3.5厘米×10厘米大小(图5-2-41)。

（5）松弛半小时后放进烤箱进行烘烤,烤至金黄色即可(图5-2-42)。

（二）法式香草奶油制作过程

（1）将牛奶、香草条和糖煮到80 ℃,取出香草条,加入蛋和吉士粉煮开。

（2）把煮好的香草奶油倒入搅拌机内,加入牛油搅拌至光滑即可(图5-2-43,图5-2-44)。

（三）装饰成形

用3片酥皮分成两层夹着香草奶油馅，撒上糖粉。

→ **任务评价**

　　拿破仑酥其实就是混酥，在制作时要注意擀至1厘米厚度，在酥皮上扎满孔洞，让酥皮在加热时能排出空气，防止膨胀。

　　层层酥脆的饼皮加绵滑的馅料，就是拿破仑酥的特色（图5-2-45）。

图 5-2-38

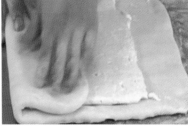

图 5-2-39

图 5-2-40

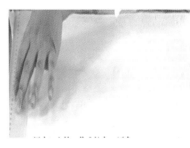

图 5-2-41

图 5-2-42

图 5-2-43

图 5-2-44

图 5-2-45

相关知识：拿
破仑酥

项目三

慕斯蛋糕

项目描述

　　慕斯蛋糕最早出现在美食之都法国巴黎,最初大师们在奶油中加入各种辅料,使其外形、色泽、结构、口味变化丰富,更加自然纯正,冷冻后食用,其味无穷,成为蛋糕中的极品。慕斯蛋糕的出现满足了人们追求精致时尚,崇尚自然健康的生活理念,满足了人们不断对蛋糕提出的新要求,慕斯蛋糕也给大师们一个更大的创造空间,大师们通过慕斯蛋糕的制作展示出他们的生活悟性和艺术灵感。

　　在西点的世界杯比赛上,慕斯蛋糕的比赛竞争历来十分激烈,其水准反映出大师们的真正功力和世界蛋糕发展的趋势。1996 年美国十大西点师之一 Eric Perez 带领美国国家队参加在法国里昂举行的西点世界杯大赛,获得银牌。由于他的名望,1997 年特邀为美国总统克林顿的夫人希拉里在其 50 岁生日时制作慕斯蛋糕,并邀请其在白宫现场展示技艺,成为当时轰动烘焙界的新闻。

项目目标

　　学习慕斯蛋糕的制作。

视频:巧克力
草莓慕斯蛋
糕

任务一　巧克力草莓慕斯蛋糕　💻

任务描述

　　慕斯是一种奶冻式的甜点,可以直接吃或做蛋糕夹层,通常是加入奶油与凝固剂来造成浓稠冻状的效果。

任务导入

　　运用草莓的酸甜和巧克力的苦甜冲击味蕾,使之外形、色泽、结构、口味变化丰富,更加自然纯正,冷冻后食用其味无穷,成为蛋糕中的极品。

任务目标

　　学习慕斯的制作。

任务实施

一、配方

	原料	烘焙百分比/(%)	重量/克
草莓慕斯	草莓果泥	100	300
	糖	10	30
	鱼胶片	3	9
	鲜奶油	100	300
	樱桃酒	3.2	10
巧克力慕斯	鲜奶油	40	120
	牛奶	30	100
	可可粉	6	25
	黑巧克力	70	240
	鲜奶油（打发）	100	350
	奶油	30	100
镜面巧克力酱	水	42	90
	糖	105	220
	鲜奶油	100	210
	可可粉	42	90
	鱼胶片	6	12

二、制作过程

（一）草莓慕斯的制作过程

（1）将鱼胶片用冰水泡软备用（图 5-3-1）。

（2）然后将糖和草莓果泥混合搅拌（图 5-3-2）。

（3）将 1/3 的草莓果泥倒入盆子里，加入鱼胶片，用隔水加热法熔化，然后加到剩余的草莓果泥中，继续搅拌，再加入樱桃酒混合（图 5-3-3）。

（4）取已打发好的约 1/3 量的鲜奶油加进去，搅拌均匀。再倒回剩余的鲜奶油中，拌匀（图 5-3-4）。

（5）最后倒进铺有蛋糕片的慕斯模型里，把表面刮平。放进冰箱，冷却凝固（图 5-3-5）。

（二）巧克力慕斯的制作过程

（1）将鲜奶油、牛奶加热（图 5-3-6）。

（2）加入可可粉，用打蛋器搅拌至可可粉熔化（图 5-3-7）。

（3）倒入切碎的黑巧克力，用软刮刀搅拌使巧克力完全熔化（图 5-3-8）。

（4）然后加入奶油，拌匀。鲜奶油打发到湿性起泡。将鲜奶油加进去，混合搅匀（图 5-3-9）。

（5）接着倒入装有草莓慕斯的模型里，最后用抹刀抹平，放入冰箱中冷却凝固 30 分钟左右（图 5-3-10）。

（三）镜面巧克力酱的制作过程

（1）首先将鱼胶片用冰水泡软备用，可可粉过筛备用（图 5-3-11）。

（2）水、糖和鲜奶油煮开，加入可可粉，不停地搅拌煮到沸腾后熄火（图 5-3-12）。

（3）加入已泡软的鱼胶片。用筛子过滤，放置一旁自然降温到 50 ℃左右。

（4）成形前将镜面巧克力酱倒在慕斯上面，再加以装饰（图 5-3-13，图 5-3-14）。

→ **任务评价**

巧克力草莓慕斯蛋糕，口感柔润细滑，味道丰富，酸甜适中，色泽鲜明（图 5-3-15）。

图 5-3-1

图 5-3-2

图 5-3-3

图 5-3-4

图 5-3-5

图 5-3-6

图 5-3-7

图 5-3-8

图 5-3-9

图 5-3-10

图 5-3-11

图 5-3-12

图 5-3-13

图 5-3-14

图 5-3-15

视频:提拉米苏

➡ **注意事项**

(1) 吉利丁粉又称为鱼胶粉,是英文 gelatine 音译过来的名称。鱼胶粉是从动物的骨头中提炼出的胶质,半透明,黄褐色,有腥味。使用时需要用冷水充分泡开,然后再隔水熔化。鱼胶粉具有凝固作用。

(2) 慕斯需要放置在−5 ℃左右,冻 2 小时。

任务二 提拉米苏 💻

➡ **任务描述**

提拉米苏,英文是 tiramisu,是一种带咖啡酒味的意大利甜点。

➡ **任务导入**

提拉米苏以马斯卡彭乳酪作为主要材料,再以手指饼干取代传统甜点的海绵蛋糕,加入咖啡、可可粉等其他材料。吃到嘴里香、滑、甜、腻,柔和中带有质感的变化,味道并不是一味的甜。

任务目标

学习提拉米苏的制作。

 任务实施

一、配方

	原料	烘焙百分比/(%)	重量/克
手指饼蛋糕	蛋白	300	375
	细砂糖	100	125
	低筋粉	100	125
	粟粉	100	125
	蛋黄	240	312
慕斯体	蛋黄	25	120
	糖水	30	150
	鲜奶油	100	500
	马斯卡彭乳酪	100	500
	朗姆酒	—	适量
	咖啡酒	—	适量
	鱼胶片	3	15
装饰	打发的鲜奶油	—	少许
	可可粉	—	适量
	鲜奶油	—	适量

二、制作过程

（一）制作手指饼蛋糕

（1）先将蛋黄和一半的细砂糖打发至湿性起泡，备用（图 5-3-16）。

（2）再将蛋白和剩下的另一半糖也混匀，再快速打发至湿性起泡（图 5-3-17）。

（3）将打发好的蛋黄和蛋白混合物放在一起搅拌均匀（图 5-3-18）。

（4）加入过筛的低筋粉、粟粉搅拌均匀（图 5-3-19）。

（5）在模具中铺好耐高温纸，用裱花袋装入面糊，在烤盘上挤出想要的形状，放入烤炉烘烤，炉温控制在 170 ℃，烤 12 分钟即可出炉（图 5-3-20）。

（二）制作慕斯体

（1）先打发鲜奶油备用，鱼胶片用冰水浸泡至软。

（2）将蛋黄搅拌至全发，呈浅黄色的浓稠状。细砂糖与水煮至 114 ℃，倒入打发好的蛋黄中，快速搅拌至冷却（图 5-3-21）。

（3）将放于室温下稍软化的马斯卡彭乳酪放入盆中，倒入冷却的糖水、蛋黄液，轻轻搅匀（图 5-3-22）。

（4）再加入打发的鲜奶油和鱼胶片（图 5-3-23）。

（5）加入朗姆酒和咖啡酒（图 5-3-24）。

（三）提拉米苏成形

（1）先将一片手指饼蛋糕放入模具中，倒入一层慕斯抹平，再放一片手指饼蛋糕（图 5-3-25）。

（2）再倒入一层慕斯，用抹刀抹平，放入冰箱冷冻至凝固（图 5-3-26）。

（3）凝固后脱模，表面抹上少许鲜奶油，用鲜奶油装饰后再撒上可可粉即可（图 5-3-27）。

（4）再围上一圈手指饼作为装饰（图 5-3-28）。

→ 任务评价

提拉米苏具有浓浓的咖啡酒香味，口感润滑，回味无穷（图 5-3-29）。

图 5-3-16

图 5-3-17

图 5-3-18

图 5-3-19

图 5-3-20

图 5-3-21

图 5-3-22

图 5-3-23

图 5-3-24

图 5-3-25

图 5-3-26

图 5-3-27

Note

图 5-3-28

图 5-3-29

模块五
同步测试

→ **注意事项**

　　马斯卡彭乳酪(mascarpone cheese)是指意大利式的奶油乳酪(italian cream cheese)，它是一种将新鲜牛奶发酵凝结，继而取出部分水分后所形成的"新鲜乳酪"。其固形物中乳酪脂肪成分占80％。软硬程度介于鲜奶油与奶油乳酪(creame cheese)之间，带有轻微的甜味及浓郁的口感。

　　马斯卡彭乳酪从冰箱取出后，需要回温约 20 分钟。马斯卡彭乳酪与蛋黄混合拌匀时不可用力过度，否则乳酪会变质。

参考文献

［1］　李里特,江正强,卢山.焙烤食品工艺学［M］.北京:中国轻工业出版社,2006.

［2］　金茂国,金屹.蛋糕加工工艺［M］.北京:中国轻工业出版社,2004.

［3］　全国工商联烘焙业公会.中华烘焙食品大辞典:原辅料及食品添加剂分册［M］.北京:中国轻工业出版社,2006.

［4］　阚建全.食品化学［M］.北京:中国农业大学出版社,2002.

［5］　张忠盛,赵发基.新型糖果生产工艺与配方［M］.北京:中国轻工业出版社,2014.

［6］　黄日波.海藻糖:21世纪的新型糖类［M］.北京:化学工业出版社,2010.

［7］　梅乐和,岑沛霖.现代酶工程［M］.北京:化学工业出版社,2013.

［8］　曾丽芬,陈明瞭.西点生产工艺［M］.广州:暨南大学出版社,2014.

［9］　陈明瞭.蛋糕生产工艺［M］.广州:暨南大学出版社,2014.

［10］　周发茂.面包生产技术［M］.广州:华南理工大学出版社,2016.

［11］　周发茂,许映花.蛋糕与西点生产技术［M］.广州:华南理工大学出版社,2016.